쑥을 태우는 집

집·짓·기·에·세·이

쑥을 태우는 집

집 짓는 현장에서 쓴
아/파/트/탈/출/기

박 길 룡

디북

집을 지어 주신 모든 이에게 이 책을 바칩니다.

머리말

두꺼비에게 헌 집을 주면 새집을 준다. 나에게 헌 집은 아파트이고 새집은 전원주택이다. 그래서 집 짓기는 헌 집 탈출기와 같다.

이 집의 이야기는 2020년 5월에 착공하면서 공사 과정을 따라 함께 쓴 것이다. 시공 현장에 나가 결정되지 않은 또는 생각이 바뀐 부분을 부탁하고 나면, 현장에서 서성대며 시간을 보낸다. 그것이 무료하여 잠깐씩 메모해 둔 것이다. 가끔 현장에 앉아 읽던 책에서 차용할 문장이 떠오르기도 한다.

그래서 글이 단편적이며 자꾸 끊어지는데, 그렇다고 공사 일지 같은 기록은 아니며, 집 짓는 방법을 소개하는 것도 아니다. 그래도 생각에는 공정의 맥락이 작용한다. 그러니까 후기 구조주의를 빌려 변명하면, 주택을 이루는 담론의 조각들이다. 다시 말하면 내가 이 주택을 만들지만, 주택은 다시 나를 생산시킨다.

주변에서 이 (졸렬한) 집을 보고 집주인 내면의 반영이라 할까 봐 부끄럽다. 사실은 작은 집을 지으면서 언어의 수사로 위로하고 있는지 모른다. 하지만 실제 집은 형편없는데 괜히 말로 꾸며 값을 올리려는 줄 알면 안 된다. 내가 집 장사를 하려고는 하지만, 이번 집은 처음부터 수지 맞추기가 틀렸다.

이 증거 자료는 다음에 집을 다시 지을 때 참고하려는 메모이다. 집 짓기를 삼세번 할 것이다. 2년마다 1채씩 지으면 말년까지 계산이 맞다. 우리나라는 세 번의 문화 국가이다. '삼세번'은 원래 재주 없는 사람의 '두고 보라'는 허세가 아니라 세계적인 언어이다. pas plus de trois fois, exactamente tres veces, just thrice.

어차피 이 책은 건축을 자랑하려고 쓰는 것이 아니고, 내세울 것도 없음은 잘 안다. 엄청난 창의력을 발휘한 것도 아니고(보편적이라고 위로하자), 저택을 짓는 것도 아니고(모두 다 해 40평이다), 디럭스한 건물도 아니고(싸게 짓는 것이 덕목이다), 기술적으로 난해할 일도 아니니까(최대한 쉽게 지을 이유가 있다) 소소한 이야기일 것이다. 다만 여전히 처음 시작은 진솔했지만 실천이 따르지 못하니, 꿈과 현실의 변증법적 결과가 될지 모른다.

다음의 영웅적 사람들이 두꺼비를 도와서 집을 지어 주었다. 일을 하는 데 있어 반면교사反面教師이며, 실제의 가치를 알게 한 현장의 선생님들이다. 집 짓는 일이야 노동 계약의 인연으로 만들어지지만, 이 책은 개인적인 뜻으로 따로 고마움을 전하는 것이다.

건축설계	최진열 (현건축 대표)
구조설계	이주현 (본구조, 건축구조기술사)
전기설계	배금찬 (석우엔지니어링 대표)
기계설계	오근환 (주성이엔지 대표)
지역건축가	김정용 (한올디자인건축사사무소 소장)
건축시공	조우영 (자인건축 대표)
현장관리	박성재 (자인건축 과장)
철근 콘크리트	최재영 (자인건축 팀장)
목공	양병대 (자인건축 이사)
창호	E_PLUS 윈도우
조명기기	황인희 (명민라이팅 대표)
위생기기	우종웅 대표, 최선영 실장 (bath depot)
전기·정보설비	정주연 (현대전기소방건설공사 이사)
기계설비	이종석
냉방설비	공형백 (양평시스템에어컨)
조적	이기원

금속   이한철 (국제유리·금속 대표)
가구   김인애 (벨로디자인 실장)
도장   송전환
타일   권순양
조경   박용대 (Garden&Farm)
토목 개발   유근선

서울 인구 969만 명(2020년), 사람이 너무 많아 못 살겠다고 하면서 자기도 거기 한 사람인 것은 이상하다. 우리 식구의 이전으로 서울의 인구밀도를 16,100명/km²에서 0.00330581983명/km² 줄일 것이다. 세금은 어차피 세입이 없으니 서울이나 이천이나 손해 볼 것도 없고, 동네 시장이 푼돈이나마 거둘 수 있을지 모르겠다. 서울을 빠져나오면서 적당한 거리, 사회 환경, 주변성을 생각해 둔 대로 땅을 찾았다.

이 집을 지어 준 모든 분에게 감사를 전한다.

차 례

01 위치 20

02 조선의 풍수에서 이천 25

03 전원주택의 애매한 근린성 27

04 땅 28

05 집의 크기 31

06 식구 33

07 처음 생각 34

08 땅에 집 앉히기 36

09 접근 37

10 집 짓는 사람들 1 39

11 지역 건축사 / 건축 허가 40

12 건축주 41

13 디자인의 몇 가지 전제 44

14 땅에 눕다, 하늘을 보는 방법 50

15 하늘을 보는 방법, 그냥 본다 53

16 땅의 집, 채와 칸 56

17 햇빛, 천혜 58

18 햇빛, 태양광 이용 59

19 마구간 61

20 전기차 62

21 안거리 밖거리 63

22 별채 67

23 출근 68

24 지하층의 운명 69

25 시공 / 착공 70

26 구조 72

27 재료 75

28 공정 77

29 콘크리트, 무게에 대한 몸짓 78

30 대문간에 닥친 첫 번째 문제 82

번호	제목	페이지
31	대문의 수사학	84
32	담장과 대문, 그 방어의 효능	86
33	대문의 복잡한 생태	87
34	대문간, 집의 얼굴	88
35	편지를 기다림, 우편함	90
36	공간의 얼개	92
37	시각축	94
38	문 또는 공간 전환 패널	96
39	집 크기	97
40	공사 중에 평면 확장	98
41	모습	99
42	색_공, 色卽是空空卽是色	101
43	집의 키	102
44	시간	104
45	시간을 보는 일	105
46	하루를 본다	108
47	동네 사람	110
48	깊은 마당	111
49	적요	114
50	벽돌 옷	116
51	그러나 하얀 집	118
52	조명 빛	120
53	On-Off	122
54	설비 기술	124
55	기계 설비	125
56	전원주택의 정의	127
57	서울에 사는 게 이해되지 않는 이유	129
58	서울에 살 수 없는 이유	131
59	전원주택이 못하는 것	132
60	조원 I	134

번호	제목	쪽
61	집 이름, 쑥을 태우는 집	135
62	쑥	137
63	2020년 10월 4일, 공기에 관하여	139
64	우물 파기	140
65	관정	141
66	조경	142
67	샘	146
68	우드헨지	148
69	비 오는 날 풍경, 창	150
70	서리 낀 창	152
71	먼지라는 괴물	153
72	침상, 누운 몸 위로 남은 공간	154
73	위생 공간	155
74	상세의 실력	156
75	최소주의	157
76	지방에서 집 짓는 일	158
77	거부의 기술	159
78	워킹 드로잉	160
79	목공	162
80	금속 공사	163
81	중소기업의 기술과 경영	165
82	집 짓는 사람들 2	167
83	흐릿해지는 노동의 향기	168
84	벽	169
85	DIY	170
86	일	173
87	가구, 스칸디나비아로부터 해답	174
88	물건들의 집	176
89	숨 쉬는 담, 숨틀	178
90	통발	179

날으는 작두 **91** 180	세간살이 **92** 181	가구, 삶의 실제적 수단 **93** 184	가구, 벨로디자인 **94** 185	비용 경영 **95** 188
굼벵이를 위한 리모컨 **96** 189	2020년 12월 21일, 동지 **97** 190	제논의 역설, 영원히 끝나지 못한다 **98** 191	호모 일렉트리쿠스 **99** 192	말년의 양식, 코다 **100** 194
말년의 양식, 나태 **101** 195	조원 2 **102** 197	대문 **103** 200	이사, 잡동사니 **104** 202	마지막에서 세 번째 이사 **105** 204
새 주소 **106** 205				

01 위치

위치位置는 지번의 문제가 아니라 그 땅에서 지리와 관계를 말한다. 대지가 대지의 일부를 차지하는데, 매크로 지리는 택리지擇里志처럼 주로 사회-경제 위치를 살피고, 마이크로 지리는 양택론陽宅論처럼 근경의 위상에서 집터의 형상을 살핀다. 주거가 '어떤 자리를 차지하는 것'은 전원주택만이 하는 일이다. (아무 데나 있는) 아파트는 '위치한다'라고 하지 않는다.

살 집을 경기도 이천에 정한 것은 서울까지의 거리를 의식한 것이다. 원래 경기京畿란 '서울에 가까운 주위'이다. 조선에서는 왕도 주위 500리 이내라는 기전畿甸이라고도 하고, 현대에서는 수도권으로 싸잡아 말하기도 하지만, 서울을 지탱한 근육이었다. 사실 지방이라지만, 서울에서의 거리를 의식하는 것은 조선 선비들의 얄팍한 행태였다.

한성漢城 또는 경성京城 또는 서울이라는 노른자를 싸고 있는 흰자가 경기이다. 경성 시대만 해도 서울시청은 경기도에 있었다. 그래도 경기는 서울과 같은 육질이 아니라 어떤 차별에 있었다. 도민증道民證은 시민증과 차별하던 지방성의 상징이었다. 현재 경기도는 서울보다 인구와 규모가 크고 많다. 너무 비대해진 경기도는 남도와 북도를 분리하자고 한다. 서울의 힘이 블랙홀처럼 한국을 빨아들이면서 형성된 포위망이다. 서울을 빠져나온다는 것은 경기의 신도시들을 지나쳐 나와야 한다는 뜻인데 이 테두리 도시들이 더 딴딴하다. 경기도는 서울을 비운 도넛처럼 생겼지만, 북쪽이 군사분계선에 닿으니 남쪽으로 더 팽창한다.

 그래도 70년 이상을 서울에서 살다 보니 위치의 구심력이 생겼다. 거기에는 하다가 말고 놓고 온 일도 있어서 아직은 전라도나 강원도까지 벗어나지 못하는 것이다. 사실 서울과의 인연도 이제는 별 볼 일 없어졌지만, 그렇게 서울을 경원敬遠하면서도 그 자성磁性을 어쩌지 못하는 거리가 이천이다.

 교통 거리 한 시간 반 정도는 운전을 할 수 있다. 서울에서 컴퍼스로 60킬로미터의 반경을 그려보면, 그 범위에 이천이 들어온다. 그러니까 이천이 특별한 선택은 아니다. 서울을 중심으로 하여 반경 한 시간 반이라면 화성이나 포천이나 개성이라도 좋다. 그런데 이 60킬로미터는 물리적 거리이고, 시간 거리로는 훨씬 멀어져 간다. 이미 도시 밀도의 팽배로 서울을 빠져나오는 데만 두 시간 이상 걸린다. 이 시간 거리는 이미 임계에 도달하지만 자꾸 멀어질 것이다. 처음 착공할 때는 왕

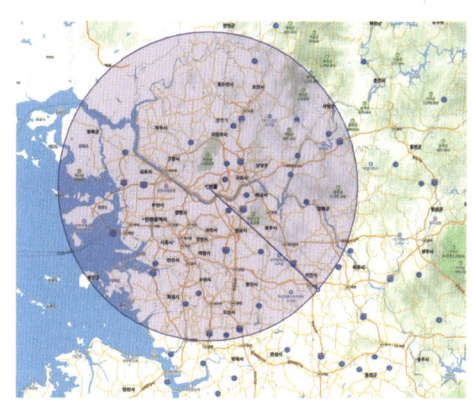

서울 중심에서 57킬로미터 범위이다. 여기에서 한반도의 남동쪽이 그만큼 가까워진다.

경기도 이천시 백사면 / 2007년 2월(상단)과 2020년 2월(하단)
왼쪽에 수직으로 신작로 <청백리로393번길>이 났다. 가운데 왼쪽 위 끝에 김좌근 댁 유적이 있다. 오른쪽 아래 끝에 우사가 내촌리 단지로 개발되었다. 13년 사이에 이 지역에도 녹지와 농업 기능이 사라지고 주거지가 많아진다.

복 세 시간 반이면 다녔는데, 점점 길어져서 준공 때쯤 되면(겨우 6개월이다) 다섯 시간은 걸릴 것 같다.

사는 위치가 남진하면서 국토 지리에서 다른 이점을 얻는다. 집을 남동쪽으로 전진하여 이천으로 옮기니 한국 지도에서 남방南方 거리가 가까워진다. 그러니까 이제 근친 거리는 충청도 쪽이다. 그렇다고 해서 백제를 부흥시킬 음모가 있는 것은 아니지만, 아마 백제가 더 가까이 보일 것이다. 이천에서 전라도, 강원도도 한 시간 반의 거리가 된다. 이제 '지방地方에 산다'는 뜻은 '사는 방법'을 건축을 통해 알리는 것이다.

주소가 <내촌리 51>이지만, 새 도로 주소로는 <청백리로471번길>이다. 원래 우리나라의 번지番地 지리는 지점 개념이었는데 최근 들어 길의 구조로 바뀐 것이다. 그것은 (도시에서라면 몰라도) 다분히 반 지역적이며 관료적인 이해로 보인다. 아마 전에는 안 마을內村이었던 모양이다. 아름다운 문학적 수사로 들리는데, 새 주소 '청백리로'는 마음에 안 든다. 청백리淸白吏는 지역이 뭔가를 내세우려 하는, 너무 관료 중심의 의식 같다. 관료가 청렴결백한 것은 당연한데, 그것을 무슨 특별한 장소처럼 말한다.

이천利川은 이천시와 10개 면으로 구성되는데, 그중 북쪽 끝에 백사栢沙면이 있다. '백사'란 측백과 모래의 합성으로 뭔가 자연 친화의 수사 같지만, 알고 보면 그렇지도 않다. 백면栢面과 사면沙面이 합쳐 백사가 되었단다. 여하튼 백사면에는 12개의 리가 포함되는데 이름이 모두 아름답다. 아래는 전적으로 필자의 의역이지만, 예쁜 동네였던 것만은 사실이다. 소가 우는 밭 모전牟田, 길을 깨달음 도지道知,

소가 그득한 계곡 우곡牛谷, 아래도 아니고 위의 용 상룡上龍, 하얀 모퉁이 백우白隅, 검은 쪽 현방玄方, 소나무 끝 송말松末, 길을 세우다 도립道立, 서울 모래 경사京沙, 새 터 신대新垈 그리고 내촌리가 있다.

안동 김씨 김좌근의 옛집1(경기민속자료 12), 산수유山茱萸, 백송白松, 반룡송蟠龍松 등 지역이 아끼는 것들이 있지만, 이 정도 유적은 우리나라 곳곳에 얼마든지 있다. 도자기의 유산이 분명하지만 이 지역 문화는 여주와 나누어 가지고 있다. 그러니까 이천은 경기도이지만, 역사적이지 못하고 정치-경제적인 특징도 없다. 역사적으로도 풍수지리로도 그랬다.

---

1 조선 후기 김좌근(荷屋 金左根, 1797~1869)의 별서, 아들 김병기(思潁 金炳冀, 1818~1875)가 살았다. 철종 대에 판서를 지내며 종일품에 이르나, 대원군 아래 섭정 때인 1864년 광주부 유수로 좌천된다.

02   조선의 **풍수에서 이천**

조선에서 좋은 집터를 말할 때 풍수설을 논리로 하는 것은 바르지 않다고 했다. 그만큼 풍수설의 비과학적이며 상투적인 면을 경계한 것이다. 이중환李重煥, 1690~1752의 『택리지擇里志』는 풍수를 완전히 불식하지는 않지만 가급적 지양했다고 한다. 그러니까 조선의 지식 사회에서 풍수는 경원하면서도, 또한 신앙처럼 의식에 젖어 있었던 모양이다.

   조선의 풍수는 요즈음 집터를 살피는 것보다 훨씬 시각이 넓고 지리문화도 광

경기도 남쪽
이천 위로 용인이 있고, 왼쪽으로 수원이 자리하며, 남쪽 아래로 죽산과 음행이 둘러친다. / 동국대지도, 초본, 정상기, 조선 1755~1767, 국립중앙박물관, 부분

역적인 이해에 있었던 것 같다. 사실 현대의 집터 잡기는 시각이 너무 좁아져서, 땅을 들여다보는 데 급급하다. 그래서 조선에서 명당이라 하더라도 그 이해를 가지고 요즈음 땅을 취하기는 어렵다. 조선의 풍수는 훨씬 넓은 풍광, 생리, 인문지리를 촉감하고 있는 것이다.

무엇보다 좋은 집터를 찾는 것은 백성의 문화가 아니라, 사대부 중심의 의식이었다. 아마 내가 지방에 살 집을 서울의 60킬로미터 반경으로 잡으려는 이해와 같은 모양이다. 우선 좋은 집터라는 것이 조선팔도 중에서도 경기도 일원에 집중된 점이 그러하다. 그 위치는 (비록 양반 떨거지라도) 언제라도 궁에서 부를 때 즉각 올라갈 수 있는 거리에 있으려는 것이다. 거리의 기회주의이다. 상대적으로 충청도 지역은 관심이 여려지고, 경상도나 전라도는 아주 흐릿해진다. 더군다나 이북은 관심도 없다.

조선의 좋은 집터를 증거하는 저술은 택리지를 비롯하여 수많은 아류와 복제본이 있다. 그중에서 『명오지名塢志』가 말하는 좋은 집터를 도별로 분류해 보면 다음과 같이 지역 차별이 나타난다. 경기 42곳, 호서 48곳, 호남 9곳, 영남 20곳, 관동 14곳, 해서 2곳, 관서와 관북에는 천거할 지역이 아예 없다.[2] 좋은 집터를 논리적으로 수긍한다 하더라도 경상도 지방이 전라도에 뒤질 이유가 없다. 해서와 관동 지역에는 사대부가 살지 않는다. 택리지에 여주와 광주는 자주 언급하지만 이천은 잘 나오지 않는다. '여주 남쪽에는 음죽이 있으며 풍속은 대체로 같다南側利川陰竹大同俗' 정도이다.[3]

---

2 이중환, 『완역 정본 택리지』, 안대회 이승용 옮김, 휴머니스트, 2018, pp.121~123축약
3 이중환, 위의 책, pp.446

03   전원주택의 **애매한 근린성**

이천시쯤 되는 어중간한 지방에서는 동네 의식도 어정쩡하다. '서로' 함께 있지만 '따로' 놀기도 하는 애매한 근린성이다. 씨족 집단 같이 혈연적이거나, 농촌 같이 상부상조하는 것이 아니고, 노인정도 없다. 보편적 편의 수준에서 주민센터, 상가, 보건소, (내게는 해당할 일이 없지만) 초등학교를 확인했다. 그렇지만 도시처럼 커뮤니티 의식으로 엮이는 것도 아니다. 그냥 이웃하고 있는데 상관할지 말지 의식적이지도 않은 것이다.

   나도 그 한 부분을 만들고 있지만, 도시민의 전원주택 증후군이 지방의 근린 공간을 분해하고 있는 것이다. 그러니까 도시적 관습을 (a 대체로) 유지하며, 향토의 습속을 (b 부분적으로) 받아들인다. 문명적 문물을 (a 항시적으로) 잃지 않지만, 토착의 서정을 (b 경우에 따라) 사랑한다는 것이다. 세컨드 하우스로 두 다리 걸치는 전원주택의 경우는 a:b의 비율이 또 달라진다.

04 땅

집을 짓기 위한 땅은 그냥 맨땅이 아니다. 농촌이라도 도시계획에 의거한 지목을 지정 받고 도로와 상수, 전기, 통신 등 하부구조의 지원이 가능하여야 한다. 이를 대지垈地라고 한다. 그러니까 집을 짓기 위해서는 대지가 있어야 하고, 등기에 의해 법적인 관리를 받아야 한다.

자본주의에서는 부동산 거래에 의해 구득한다. 그런데 땅은 백제 시대에서도 거래에 의해 얻는 기록이 있다. 백제 무령왕릉에서 발굴된 지석에 '1만금으로 토지신에게 1만냥을 신고하며 왕릉 서쪽 산 능지를 매입하여 유택으로 삼는다'했다. 그래서 지석에 계약서를 쓰고, 중국 돈 오수전五銖錢을 올려놓아 거래를 분명히 했다.

(앞면) 왕의 지석
영동대장군 백제 사마왕이 62세 되는 계묘년 5월 7일 임진 날에 돌아가셔서, 을사년 8월 12일 갑신 날에 이르러 대묘에 예를 갖추어 안장하고 이와 같이 기록한다.
寧東大將軍 百濟斯麻王 年六十二歲 癸卯年五月 丙戌朔 七日壬辰 崩到
乙巳年八月 癸酉朔 十二日甲申 安登冠大墓 立志如左

(뒷면) 왕비의 지석

돈 1만 닢, 다음의 건. 을사년 8월 12일 영동대장군 백제 사마왕이 앞에 든 돈으로 토지신 토왕, 토백, 토부모, 연봉 2,000석 이상의 여러 관료에게 나아가서 서쪽 땅을 사들여 묘를 만들었으니 문서를 만들어 남긴다. 현 율령에 따르지 않는다.

錢日万文右一件乙巳年八月十二日 寧東大將軍百濟斯麻王以前件錢詢

土王土伯土父母上下衆官二千石 買申地爲墓故立券爲明不從律令 4

    땅을 이천의 토착인 유근선 사장에게 샀다. 한동안 이천에서 땅을 찾고 뒤지다가 지칠 때쯤 이 땅을 만난 것이다. 그는 선친이 경영하던 우사牛舍를 택지로 개발하였다. 그래서 지목이 (아직은) 목장이다. 모두 6개의 필지가 만들어졌는데 120~150평 정도의 크기이다. 단지의 규모로 보아서는 왜소하고 주변은 한가하다. 다만 건너편 대지들이 같은 토지주에 의해 주택지로 개발되고 있으며 길 건너에는 조경회사가 있다. 그밖에는 농촌과 주거지가 땅을 섞어 쓰고 있다. 그러니까 농촌으로는 애매해지고, 집단 주거로 보기에도 마땅하지 않은 것이다.

    보통 대지의 모양이 건축 디자인을 결정하는데, 여기에서는 땅이 직방으로 반듯하니 건물도 직각으로 반듯할 것이다. 전원주택은 흐드러진 자연세에서 유기적인 형태로 이루어지기를 기대하지만, 여기에서는 처음부터 직교 질서가 지배한다. 처음 지방에 집을 짓는 일이니, 복잡하고 혼돈된 환경보다는 단순하고도 정

---

4   국보 163호인 무령왕릉 지석, 국립공주박물관

이천시 백사면 내촌리 51번지 필지들
남서쪽에 6미터 도로를 두고 6개의 필지가 개발되었다. 2007년까지 소를 키우던 우사가 있었고, 그 이전에는 밭농사를 지었다. 더 이전에 대해서는 아는 사람이 없다.

리된 대지가 좋겠다고 생각했다. 거기에 단순하고 합리적인 디자인으로 단층집을 만든다. 말하자면 난이도 최하위의 설계이다. 나의 꼼수로는 이천에 살면서 다음에 이천에 집을 짓는다면 난이도를 더 높여서라도 공작의 기쁨을 즐길 것이다.

현재 좀 생경한 분위기는 시간이 더 지나야 장소와 동네의 성격이 만들어질 것이다. 땅값이 평당 백만 원꼴인데 이 주변에서는 시세가 서로 견제하는지, 카르텔을 형성하는지 비슷비슷하니, 싸니 비싸니 따질 일이 아니다. 아무리 그래도 아파트 사육飼育보다는 낫겠다.

05 집의 크기

집의 크기를 정하는 기준은 복잡다단하다. 식구 수와 직업과 생활 문화와 감당할 수 있는 주택비 등 허다한 조건이 작동한다. 그래도 집의 크기를 결심하는 보편적 준거는 지금 살고 있는 평수이다. 현재보다 좀 더 넓게 할까, 좀 더 좁아도 될까는 현실적 기준이다.

우리나라 국민주택의 최소기준은 1인당 14제곱미터이다. 약 4평 반이면 한 사람이 살 수는 있다는 것이다. 그래서 두 사람이 살려면 9평이면 될 것인데, 지금 30평을 지으려 하니 미안한 마음이 든다.

집을 작게 하는 것은 무조건 축소하는 일이 아니라, 내용이 알차야 한다는 뜻이다. 우리가 일본적인 것에서 작은 것의 가치를 아는 것과 같다. 건축은 공간을 궁극적인 수준까지 압축하여 최소 용적을 만들지만, 압축 구조의 트랜지스터에서 더 배울 일이 많다. 일본의 건축가 쿠마 켄고隈研吾의 『작은 건축』[5]에서 왜 작은 건축이 아름답고 인간적인가의 이유를 듣는다.

> 공간에서 '작은 기계[6]=작은 건축'은 세상과 인간을 어떤 형태로 연결해 줄까.

우선 작다는 것이 무엇인지 생각해 보자.

'큰 건축'을 단순히 축소한다고 해서 '작은 건축'이 되는 것은 아니다. 100미터 높이의 콘크리트로 이루어진 초고층 건축을 10미터로 축소한다고 해서 '작은 건축'이라고 부를 수는 없다. '작은 건축'이란 다양한 의미에서 우리에게 가깝고 손대기 쉽고 편안한 존재여야 한다.

우주는 그만두고라도, 우리 국토는 잘 모른다 해도, 이천의 한 구석 100평의 땅은 티끌 같다. 그래도 이를 거꾸로 보아, 이 점點을 한국과 세상을 보는 핀홀pinhole로 생각하면 좋겠다. 일종의 카메라 옵스쿠라camera obscura를 만드는 것이다. 거기에서 동작도 대단히 소심한 것처럼 보이겠지만, 나로서는 전력을 다한 점프이다.

5   쿠마 켄고 지음, 이정환 옮김, 안그라픽스, 2015
6   예를 들면 초기의 집체만 했던 컴퓨터가 이제는 손아귀에 들어오는 크기로 진화한 것이다.

06 식구

식구食口는 밥 먹는 입들이다. 우리 식구는 넷이었다가 둘만 남았다. 두 아들이 출가하고 외국에 가 있으니 식구로 치지도 않는다. 그래도 나중에 다 합치면 부부 2 + 아들 2 + 며느리 2 + 손자 3 = 아홉이 될 수도 있다. 그래서 이 주택 프로그램이 안채 + 별채 = 2방房으로 하이브리드하게 설정되었다.

아무리 그래도 식구는 가족이며, 가정은 생존 단위이고, 가구가 쉘터의 크기를 결정한다. '같이 사는 사람'이란 가족, 가정, 가구, blended family, nuclear family, extended family, kin 등으로 생각에 따라 범주가 달라진다. 그것은 단지 함께 사는 것만이 아니라, 가家의 뜻을 갖는다. 가家에 문門이 붙으면 가문으로 더 거창해진다. 식구는 식솔食率처럼 함께 사는 관계자이어야 한다. 보통 유전자를 공유하지만 꼭 그렇지 않아도 괜찮다. 가정家庭이면 집과 마당이 결합된 구조이다.

식객食客은 조선 시대만 해도 그 집에 드나들며 식사를 접대 받는 사람이었다. 보통 대청 앞 댓돌의 길이는 (방문객 신발 숫자에 의해 결정되므로) 세도의 상징이다. 여기에는 식객이 있을 리 없지만, 그래도 혹시 몰라서 안채와 별채를 따로 만든 이유이기도 하다. 소위 게스트룸이다.

07   처음 생각

모두 6개의 획지 중에서 <51-7>은 개발자가 모델하우스를 지어 팔기로 한다. <51-5>는 120평으로 왼쪽 마지막 획지이며 앞집의 등을 보게 된다. 6미터 도로에서 접근하여 남동향으로 계획된다. 두 번째 대지 <51-3>도 구상을 해 보았는데 남서향으로 지을 때 기존 능선(현재 석축 벽)을 등진다. 이 대지는 150평으로 좀 더 넉넉하게 평면이 앉혀진다. 대신 대지 값이 3천만 원 정도 더 들어가야 한다.

    세 번째 <51-6>이 지금 추진하고 있는 건축으로, 나머지 5개 필지 중에서 유망한 계획을 구상하며 선택한 것이다. 좌-우-뒤로 다른 대지가 있어, 보호되기도 하지만 또한 부담스럽기도 하다. 다만 땅 평수가 120평으로 토지 비용은 좀 덜 수 있다. 51번지 단지는 하부구조, 상수, 통신, 전기는 안정된 서비스를 받지만, 가스는 LPG 배달을 받아야 하고, 공공에서 우수 처리만 하니 하수는 자체 정화를 해야 한다.

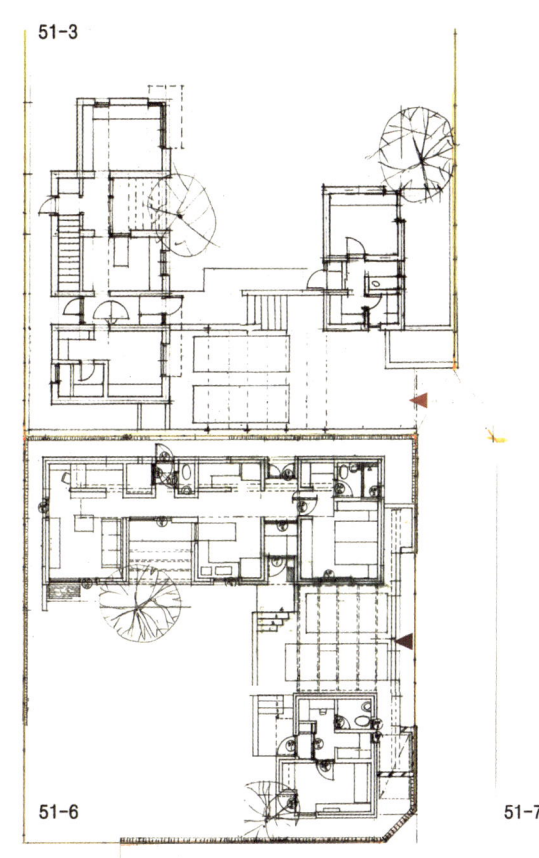

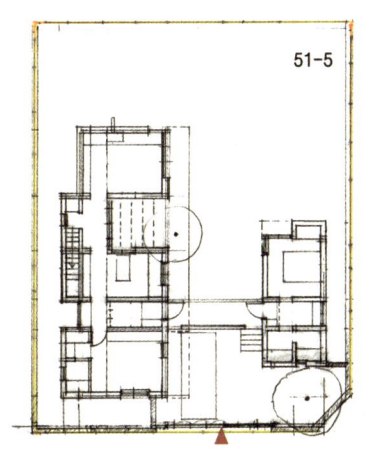

51-5 / 아래 왼쪽
전면 도로에서 직접 진입하며 마당을 뒤에 두고 건물은 남동향이 된다.
도로에서 들어가는 진입이 편하다.
51-3 / 위 오른쪽
대지가 조금 커서 공간 구성에 여유가 있을 것이다.
건물은 남동향이 된다. 이때까지만 해도 지하층을 둘 생각이었다.
51-6 / 아래 오른쪽
공사가 진행 중인 건축, 건물은 남서향이다.

08   땅에 집 앉히기

뛰어난 예지를 가진 건축가라면 몰라도, 일반적으로 빈 땅에 집을 구상한다는 것은 대단히 막연한 일이다. 가능한 대로 대안을 만들고 그중에서 마음에 드는 쪽으로 결심하겠지만, 이 역시 막연하기는 마찬가지이다. 다만 우리는 어떤 집을 가지고 싶다는 개념을 말할 수 있으므로 그것을 실마리로 잡는다.

보통 대지와 주변 여건이 건축을 결정짓는다고 하는데, 이번에는 대지부터 선택하여야 하는 과제이다. 그러니까 대지의 정황과 생각하던 삶의 구조와 경제 등을 종합하여야 한다. 다섯 개의 대지 중에서 <51-6>을 결정한 이유는 서남쪽 건너편에 조경회사가 들어온다니 경관이 괜찮을 것 같아서였다. 등을 지게 되는 <51-3>과 앞의 시선을 피할 <51-7> 때문에 서남향으로 배치했다.

뒷집인 <51-3>의 앞을 가로막는 형국이 마음에 걸리는데, 마침 뒷집의 마당이 1미터 더 높고, 단층으로 지으니 어느 정도 미안함을 덜겠다. 이 배치로는 석양이 부담스럽지만, 만약 언젠가 해가 서쪽에서 떠서 동으로 질 때가 되면 이 방위 선택이 얼마나 탁월했던가를 알 것이다.

09　접근

접근은 <청백리로471번길>에서 직접 차가 들어가거나, 아니면 오른쪽 4미터 사도私道로 들어와 옆구리로 파고드는 것이다. 후자를 선택했는데, 도로가 좁아 자동차 회전 반경이 충분치 않지만 주차장을 별채와 안채 사이에 삽입한다는 구도를 고집하여 그렇게 했다.

　<51-6>은 가운데 집이니까 세 방향이 다 노출되는 배치이다. 커뮤니티 계획에서 말하는 소위 '24시간 눈'이라는 것을 믿기로 했다. 감추지 말고 노출하는 것이 오히려 방어적이라는 이해이다.

　대지가 120평인데 구상하고 있는 평면을 배치하니 집 주변에 여유 공간이 없이 꽉 들어찬다. 공간 구조를 그대로 유지하면서 몇 센티미터를 따지는 치수 싸움 끝에 간신히 들어가기는 했다. 다만 4미터 도로로 진입시킨 주차장이 기울어진 도로의 경사도를 받아내는 것이 문제이다. 경사져 올라가는 도로와 평탄하여야 할 주차장 바닥이 알력을 일으킨다. 평면을 쥐어짜서 줄이고, 도로선에서 집을 최대한 들이밀어 대문간을 주차장으로 만들었다. 계획이 미진한대로 최진열에게 부탁하여 설계를 진행하였다.

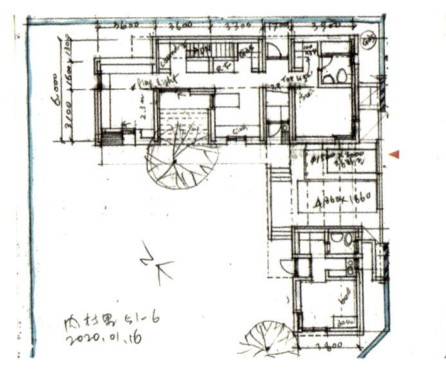

초기 안
오른쪽 안길에 대문을 두고, 서남쪽에 마당을 둔 ㄱ자 구성

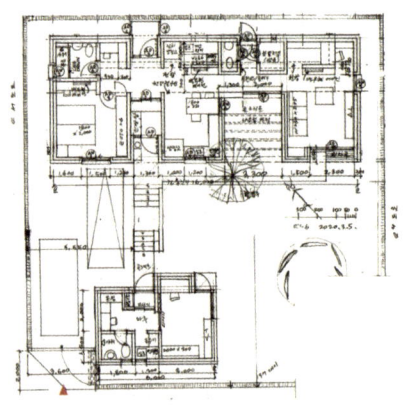

이차 안
대문을 왼쪽 아래 가각에 두고 동남쪽에 마당을 둔 ㄱ자 구성, 마당이 좁다.

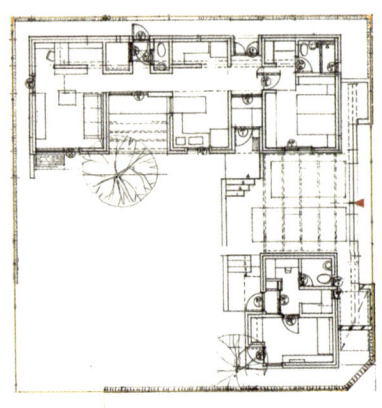

최종 안
초기 안으로 돌아가 옆구리에 대문을 두고 서남쪽에 마당을 둔 ㄱ자 구성, 내부 면적을 가능한 확대했다.

10   집 짓는 사람들 I

집을 짓느라고 신세 진 사람들이 많다. 설계를 맡아준 최진열현건축은 바쁜 와중에 이 쪼끄마한 일을 해주었다. 최진열은 일찍이 이타미 준 건축 사무소에서 익힌 감성과 실무 경험이 기대된다.

구조, 전기, 기계 설비 설계가 필요한데 오근환설비_주성이엔지, 이주현구조_본구조, 배금찬전기_석우엔지니어링이 일을 맡아 주는 것만이 아니라 여유가 없는 건축주를 고려하여 최소 비용으로 해 주었다. 기술 관련 설계의 코디네이션은 최종천제이앤제이건축사무소이 관리하여 주었다. 최종천은 건축설계만이 아니라 설계 분야 간 통합 관리에 능하며, 현상설계의 성과와 함께 중견 설계 사무소로 성장해 있었다. 여하튼 이 모두가 전직 교수가 끼치는 민폐民弊이다.

11 지역 건축사 / 건축 허가

설계를 그 지역의 건축사가 하면 좋지만, 따로 다른 지역(주로 서울)의 건축가가 설계하고 허가 업무만 지역 건축사가 하는 이중 작업의 경우도 있다.

본 설계를 어디서 하든 이천은 지역 건축사사무소가 건축 허가 행위를 해야 한다. 유선근 사장의 소개로 <한올디자인건축사사무소>를 만났다. 2020년 4월 21일, 이천의 로컬 아키텍트에 대해 특별한 정보가 없으니 김정용 소장의 좋은 인상을 믿고 부탁했다. 그런데 김 소장이 곧 결혼을 하는데 신혼여행을 다녀와야 일이 된단다.

그동안 줄곧 지역 건축사 제도가 건축 문화의 지역 편차를 조장한다고 생각했다. 건축사협회는 지역 건축사의 보호를 위해 허가 설계 절차만이라도 다른 지역 건축사를 막아야 한다고 했다. 지역 건축사가 디자인 전개에서 상세 설계까지 총괄할 수 있으면 좋은데, 대부분 지레 하려 하지 않는다. 그러니 설계는 서울에서 하고, 지방 건축사는 행정 업무를 처리하는 이중 작업을 당연하게 여긴다. 그것이 지역 건축사 보전을 위한 정책인지는 잘 모르겠다.

건축 허가 신청서는 백사면 주민센터에 제출한다. 옛날에는 시청이나 구청에서 하던 일인데, 자치 체제가 세분되어 면사무소까지 내려왔다. 2020년 5월 28일에야 건축 허가가 나왔다. 이미 착공 계획은 예상보다 한참 늦었다.

12 건축주

보통 자본을 대고 자기 집을 지으려는 사람을 건축주, 자본을 대고 공공의 집을 짓는 사람을 개발자라 한다. 모두 건축가가 설계를 맡고, 시공자가 공사를 실행한다. 여기에서 건축주는 개인이거나 기업이거나 정부나 공공일 수 있으나 (자본주의에서는) 모두 자본을 대는 사람이다. 바꾸어 말하여 건축가는 건축주의 의뢰로 일을 할 수 있지만, 건축가가 곧 자기 집을 짓는 건축주일 수도 있다.

    건축 평론가 이종건은 건축주라는 뜻에 대하여 다른 생각을 가지고 있다. 그는 건축주라는 말 대신 의뢰인 혹은 클라이언트라고 함이 바르다고 했다. 그 글을 다음과 같이 시작한다.

    우리 사회의 적잖은 건축가들은 의뢰자를 '건축주'라 부른다. 건물을 쓸 사람과 소유할 사람을 딱히 구분하지 않은 채 별 생각 없이 두루 쓰는데, 대개 건물 소유자를 가리킨다. 그런데 '건축의 주인'을 뜻하는 이 '건축주建築主'라는 낱말은 여러 측면에서 석연치 않다. 건축은 구체적 사물이 아니라, 철학, 음악, 미술, 춤 등처럼 인간의 특정한 정신적 활동의 영역 곧 추상의 세계를 가리키기 때문이다. 건축은 돌이 아니라 돌이 드러내는 아름다움이나 성스러움이듯, 벽이 아니라 벽들이 이루는 비례나 효용성이나 공간감이듯 추상의 영역에 속하는 테크네이자 학문의 한 분과다. 그리고 사랑이 그렇고 정의가 그렇듯, 추상에 속하는 대상은 우리가 소유할 수 있는 것이 아니다. 그런 까닭에 '철학주' '음악주' '예술주'라는 말이 없다. 다른 문화에는 있을지 모르지만, 그렇다 한들 그 맥락에서 '건축주'라는 우리말은 상식의 상궤를 벗어났다는 느낌을 지울 수 없다.
_ 이종건, 『W(i)DE 2020 11-12호』, pp.38~39

이에 의하면 재료와 인건비와 관리비와 모든 건축비를 대어도 나는 건축주가 아니다. 이종건이 강조했듯이 물주를 주인이라 하면 우리는 자본 지배의 문화가 되기 때문이다. 그에 의하면 내가 살기 위해 집을 지어도 나는 건축주가 아니다. 나는 이 건물의 영원한 주인은 아니기 때문이다. 내가 의뢰자이고, 돈을 내고, 살려고 스스로 디자인하여도 나는 건축주가 아니다. 등기하고, 재산세를 내고, 주민등록을 하여도 나는 건축주가 아니다. 그에 의하면 수많은 땀을 흘려 지은 노동의 과정이 있으며, 근린과 공동의 문화이고, 후대에 누군가가 소유할지 모른다.

우리에게 프로젝트를 가져다주는 사람이 '건축의 주인'이라고 생각하는 것은 실제로 그 생각에 따라 행동하든 안 하든, 끔찍한 일이다. 건축가라면 누구나, 자신의 작업을 통해 작게는 개인의 일상에, 크게는 도시 공간에 약간이나마 긍정적 변화를 끌어내고 싶어 하는데, 그리하기 위해 자본의 도움이 절실하다. 아무리 작은 집이라도 결코 적지 않은 물질이 투여되는데, 그 상황에서 물주物主가 거의 대부분

'건축주'다. 따라서 물주가 정말 '건축의 주인'으로 행세한다면, 건축가는 기껏 물주의 부하 직원쯤 될 수 있을 뿐 근본적으로는 종복 신세로 전락할 수밖에 없다. 주인이 이렇게 해 달라, 저렇게 해 달라는 요구를 건축가가 시종일관 거절하기란 현실적으로 거의 불가능하기 때문이다. 건축을 통해 얻고자 하는 것이 오직 자본의 증대밖에 없는 물주(의 프로젝트)는 건축가에게 최고의 악몽인데, 자본주의 사회의 시장구조는 그것을 강화시킬 뿐 도무지 다른 길을 모른다.

그에 의하면 이 '주택의 주인'도 존재하지 않는다. 단지 짓고 살고 유지하고 보전하며 문화로 향유하는 사람들이 있을 뿐이다. 잘 알겠다.

13 디자인의 몇 가지 전제

집을 지으려고 다른 집들을 보았다. 그런데 이해되지 않는 점이 많다. 대부분 농촌 주택이 아파트의 단위 평면을 본뜨고 있는 것이다. 그동안 한국 사람의 삶을 지배한 아파트 문화가 주택의 유전자 변이를 만든 것이다. 평면을 보면 거실을 두고 좌우에 방이 있고, 거실 뒤로 식당과 주방이 이어진다. 이는 아파트에서 공간의 밀도를 집적하기 위한 우둔한 묘책이다. 어느새 아파트는 농촌의 보편적 선택이 되었고, 농촌 주택도 의당 아파트처럼 생겨야 하는 것으로 안다. 그러니까 주택이 전통

전원주택의 전형성
농촌에 짓지만, 평면은 도시 아파트의 유형을 벗어나지 못한다. 보통 2-3베이 형식으로 거실 중심의 평면은 집적도가 높다. (출처 : 월간 전원주택라이프)

의 칸, 채, 마당의 공간 구조를 잊은 지 오래다.

　농촌에서 아파트에 사는 것이 이상하듯이 이층집을 짓는 것도 그러하다. 그렇다고 하여 건폐율의 문제가 있거나 밀적도로 경제성을 얻는 것도 아니다. 이러한 통념적 삶의 관성도 스키마schema 또는 잘못된 인지도식認知圖式이라 하겠다.

　서울에 살면서 지방에 집을 지으니 일일이 공정에 참여할 수가 없다. 원격으로 참여해 보지만 잘못 전달될 일도 많을 것이다. 소통의 제약으로 오해에 의한 착오가 두렵다. 그러니까 디자인은 극히 단순하여야 하고, 복합적이기를 주저하고, 보편타당한 것이 설계와 실행 사이에서 오해를 줄이는 일이다.

　첫 일이니 디테일의 정치도精緻度를 크게 기대하지 않는다. 어차피 고급 집을 짓는 게 아니다. 사실은 그 지역에서 나오는 재료를 쓰고 그 지역 사람들이 만들어 주면 좋겠지만, 이미 이천의 상황은 그렇지 않다. 그 고장의 식자재로 그 지역의 손으로 만들어야 향토 음식이겠지만, 건축은 그러하지 못하다. 바빌로니아에서는 흙벽돌을 햇빛에 말려 집을 지을 수밖에 없고, 이탈리아 알베로벨로에서는 석판암으로 지을 수밖에 없었다. 조선의 도시 건축이 회색 기와로 통합되고, 스페인 마을이 적갈색 기와로 통일되는 것은 토착의 흙이 결정하는 개연성이다. 현대라 하더라도 중국의 벽촌에서 콘크리트 건축을 하려면 비틀어지고 투박한 질량을 개념으로 삼아야 한다.

　이제 한국의 건축 재료는 수입품이 지배하고 지역의 재료도 확실한 것이 없다. 외국인 노동자도 들어오고, 건설 인력은 전국을 오간다. 그러니 건축은 단순하며 다소 거칠어도 할 수 없다. 어찌 보면 이번의 디자인이 질박質朴할 수는 있지만 대충 짓는 것은 아니다.

그리고 흔들리지 않아야 할 것이 통합성이다. 내부적으로는 백색 기저의 모노크롬 속에 생활의 단조로움을 통합한다. 빛은 4,000켈빈k으로 통합하여 밤과 낮의 색온도가 같게 한다. 외부적인 통합성도 내부의 연장인데, 무채색 모노크롬과 단순화를 바탕으로 한다. 여기에 자연의 우연성을 통합시키는 역할을 조경이 맡을 것이다.

원경으로는 숲이 하늘과 경계를 이루는데 이것을 지붕의 수평선과 통합한다. 근경으로는 건물 몸체와 마당을 연합할 것이다. 결국 장면을 풍경화로 보아 랜드스케이프라는 구도 속에 몇 개의 수평들을 수합할 것이다.

이 집을 지어도 나는 2년이나 살아 볼까. 아니면 누군가 더 오래 살 수도 있고, 그냥 괴멸되고 말 수도 있다. 다만 장소의 혼Genius Loci을 믿기에 (이전에 여기 우사牛舍에서 살던 소들의 혼은 잘 모르겠고) 이후 이 장소는 더 짙은 혼을 머금고 오래 살기를 바란다.

남서향 입면
작은 동산의 숲이 배경의 수평적 구도를 지지한다.

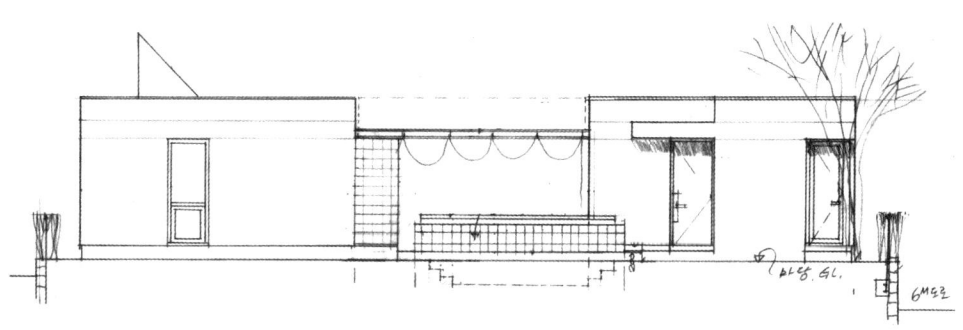

마당에서 보는 왼쪽 안채, 가운데 대문채, 오른쪽 별채

14   땅에 눕다, 하늘을 보는 방법

땅이라고 해 보았자 정방형으로 잘라놓고 평탄하게 문질러 놓았으니 멋쩍다. 여하튼 땅이 생겼으니, 등을 비비고, 배를 깔고 뒹굴어 볼 일이다. 특히 이 대지는 석양에 익숙한 좌향이다.

좀 지나친 이해일지 모르지만, 땅에 눕는 삶은 죽음의 양태와 다르지 않다. 결국 우리는 서쪽으로 갈 것이니 이 방위를 눈여겨보아 둘 일이다. 무덤은 음택陰宅이다.

......
당신은 내게서 이 늦가을을 보리다
누런 잎 전부 지거나 몇 잎 남지 않아
나뭇가지 삭풍朔風에 떨고
노래하던 고운 새들 떠나 폐허가 된 이 성가대석

그대 내게서 그런 날의 황혼을 보리다
해는 서녘으로 지고
검은 밤은 황혼마저 삼켜
죽음의 두 번째 자아가 모든 것을 안식에 들게 하는 밤

내게서 죽음의 침상, 꺼져가는 불의 마지막 빛을 보리라

……

_ 셰익스피어(Shakespeare), 「소네트(Sonnet) 73」

100평의 땅을 얻었는데, 넓이로는 알겠지만 수직 깊이로는 얼마까지가 나의 소유인지 모른다. 땅의 권리는 지표를 개발하는 일만이 아니라, 공중권이 있고 지하권이 있다. 그러니까 공중으로는 (땅의 경계를 수직으로 확장하여) 우주에 이를 수 있는가, 지하로 지구 반대편은 남의 땅이 나오니 안 되지만, 깊이를 얼마까지 소유하느냐의 문제이다. 땅 밑에는 벌레도 살고, 수자원도 있고, 마그마도 있다. 옆집의 땅 뱀이 내 땅으로 지나갈 수도 있다.

법적으로는 '사적 공중권'과 '한계심도 내의 지하권'이라 하는데, 여전히 애매하다. 한계심도는 보통 20~40미터 정도이다. 지하 광물은 따로 광업권을 가진 사람의 소유이며, 문화재가 발견되면 국가가 관리한다.

천원지방天圓地方의 생각은 일찍이 정지운鄭之雲, 1509~1561이 천명도설天命圖說에

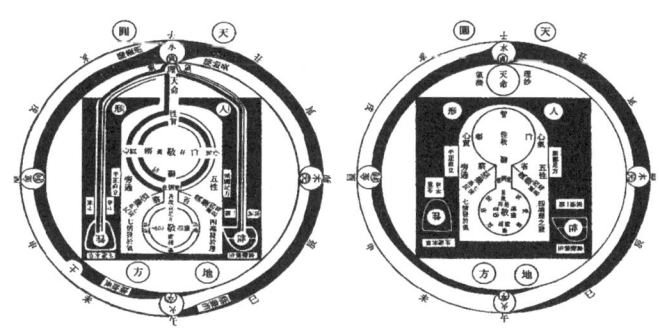

정지운의 천명구도(天命舊圖)와 이황의 천명신도(天命新圖)

서 성리학적으로 말했고, 나중에 이황李滉, 1502~1571이 수정본을 내놓았다. 이 개념은 천원지방天圓地方의 현상을 따라 위의 천명天命 영역과 아래로 인체의 부위를 그린 것이다. 조선 학자들의 논리이니까 틀림없을 것으로 알자.

정말로 땅은 평편하고 사각형이며, 하늘은 깊고 둥글다. 그래서 땅에 누워 하늘을 본다.

15 하늘을 보는 방법, 그냥 본다

땅에 눕는 것은 하늘을 보는 방법이다. 서울에서는 하늘을 보기 위해 빌딩 사이로 이리저리 고개를 돌리거나, 차를 타고 이동하며 순간적으로 볼 수 있거나, 어떤 시간과 기회를 만들어야 했다. 그런데 여기에서는 하늘을 따로 보려고 하는 것은 이상하다. 그냥 본다.

누가 하늘을 보았다고 하는가
누가 구름 한 송이 없이 맑은
하늘을 보았다고 하는가

네가 본 건 먹구름
그걸 하늘로 알고 일생을 살아갔다

네가 본 건 지붕 덮은
쇠항아리,
그걸 하늘로 알고
일생을 살아갔다

2021년 1월 19일 오후 4시, 계절이 바뀌면 점차 오른쪽으로 옮겨 그릴 것이다.

......

_ 신동엽, 「누가 하늘을 보았다 하는가」, 『이야기하는 쟁기꾼의 대지』, 교보문고, 2019

전통 건축은 가장 궁색한 건축술에서도 천인지天人地, '하늘 밑의 사람 밑의 땅'이라는 수사를 만들었다. 아무리 우거寓居라 해도 그가 어느 위상에 사는가만은 분명히 해야 했다. 그래서 새집을 땅 위에 지으려면 공간을 대지에 밀착시키고, 가급적 체적을 풀어내야 한다. 자칫 외접 면이 커지면서 경제적이지 못 할 수도 있다. 그러나 재료비를 더 부담해서라도 겹집은 피하여야 한다.

남서향의 햇살을 위해 파티오patio에서 지는 해를 응시할 일이 기대된다. 여름에는 그늘진 파티오에서 아침 식사가 싱싱할 것이다. 그러나 마냥 공간을 다 드러낼 수는 없고 집 앞에 심은 활엽수가 여름의 햇살을 가리는 일을 잘해 주었으면 좋겠다. 그 나무는 그림자를 만드는 일과 함께 하얀 벽에 그림자를 그리는 붓질이 능하다. 한 그루 나무인데 여름이면 농염한 채화彩畫이고, 가을이면 갈필渴筆로 바꾸고, 봄이면 담채淡彩가 된다.

16   땅의 집, 채와 칸

도시 주거의 장점을 포기하는 대신, 상대적으로 향토가 주는 것을 지나치지 말아야 한다. 그것은 추상적이거나 감성적인 일이 아니라 아주 구체적이며 즉물적인 것이다. 태양이 있으니 태양광을 이용할 것이고, 대기에 노출되니 대류를 디자인하는 일이다.

  전통 한옥은 채로 큰 덩이를 나누고, 다시 좌우 방향으로만 발달시키며 칸을 연쇄시킨다. 그래서 모든 방房은 외기에 충분히 접한다. 그러하던 주택이 서양화되면서 앞뒤로 방을 두어 밀폐감을 만들었다. 아파트에 와서는 아래-위층에 세대를 반복하여 입체적으로 밀폐시키는 것이다.

  이천의 이 집을 채와 칸으로 보면 일—자형 4칸 집이다. 그러면서 앞으로부터 받을 것과 뒤에서 받을 것이 구분된다. 앞에서 받는 바람을 뒤 고창高窓으로 흘려 내보낸다. 앞의 빛은 눈부시고 북향 빛은 은근하다. 좌우를 포기하는 대신 앞뒤를 확실히 한다. 그것이 조선이 북반구 허리에서 하던 건축술이었다. 몸이 동-서로 긴 기장이니 그 위에 태양 집열판을 길게 올려놓을 수 있다.

횡단면
한옥의 정면으로 보면 4칸 반 집이다.

창덕궁 기오헌(寄傲軒)
정면 4칸, 측면 3칸에 궁실 건축이면서도 단청을 하지 않았다.

17 햇빛, 천혜

> 오 위대한 천체여! 만일 그대가 비춰야 할 대상을 갖지 못했다면, 그대의 행복은 무엇이겠는가? 영원히 여기 떠올라서 나의 동굴을 비추리.
>
> _ 니체 / 리하르트 스트라우스, 『차라투스트라는 이렇게 말했다』 패러디

영원히 얻는, 무한리필의 공짜로 얻는 햇빛에 새삼스럽게 감사한다. 어떤 나쁜 군주(예를 들면 태양왕 루이 14세)가 있어 국민에게 이를 돈으로 걷는다면 얼마나 끔찍할까. 현대의 우리는 햇빛을 다 쓰지 못하고 우주로 버리는 게 문제이다. 햇빛은 에너지만이 아니라 항상 생명이었고, 만물 사이에 상생相生을 이루게 하는 절대자이다. 해가 나무를 키우면 사람이 이를 쓰고, 적-자외선으로 몸을 건강하게 한다. 그뿐만 아니라 해는 행복의 코드이면서 문학과 음악과 미술을 있게 한 뮤즈 Μουσα의 존재였다.

우리는 봄의 노란 빛, 여름의 하얀 빛, 가을의 맑은 빛, 겨울의 찬 빛을 얻고, 하루에도 흐린 빛 또는 청명하거나 검은 빛을 받는다.

18 햇빛, **태양광 이용**

현대 주택은 태양광 이용을 '당연'한 시스템으로 하여야 한다. 항상 전기를 너무 많이 소비하는 게 미안하던 참에 태양열 시스템은 개인이 할 수 있는 최선의 환경 기술이다.

그러자면 우선 건물의 좌향坐向에서 남향이 조건인데, 지금 이 대지는 남동 또는 남서의 두 가지 선택에 있다. 만약 정남향을 하자면 대각 방향으로 앉아야 하는데 네모난 조그만 대지에서는 아주 거북하다. 남동은 아침 해가 좋고, 남서는 석양을 조심하여야 한다. 그래도 이번에 남서향을 택한 것은 서쪽의 터진 경관이 그나마 동쪽보다는 낫기 때문이다. 여하튼 남서는 확보했기에 태양광 시스템을 설치할 것이다. 그를 위해 모두 12장 패널의 설치가 가능한 경사 지붕면을 따로 만들었다.

이 시스템 이외에 정원과 야외 조명등에서 되도록 태양광을 이용할 것이다. 그런데 태양광과 정원등은 조경가들이 싫어한다. 밤에는 식물도 잠을 자야 하는데 인공조명이 스트레스를 준다는 것이다. 여름밤에는 야외 조명이 벌레를 모은다. 다분히 생태적인 조경가의 생각이다. 하기야 밤을 조명으로 화사하게 하는 것은 큰 도시가 화류계花柳界처럼 하는 일이고, 시골에서 밤은 그냥 어두울 시간이다. 어두워야 별과 달이 더 잘 보이고 칠흑漆黑은 그 자체로 아름답다.

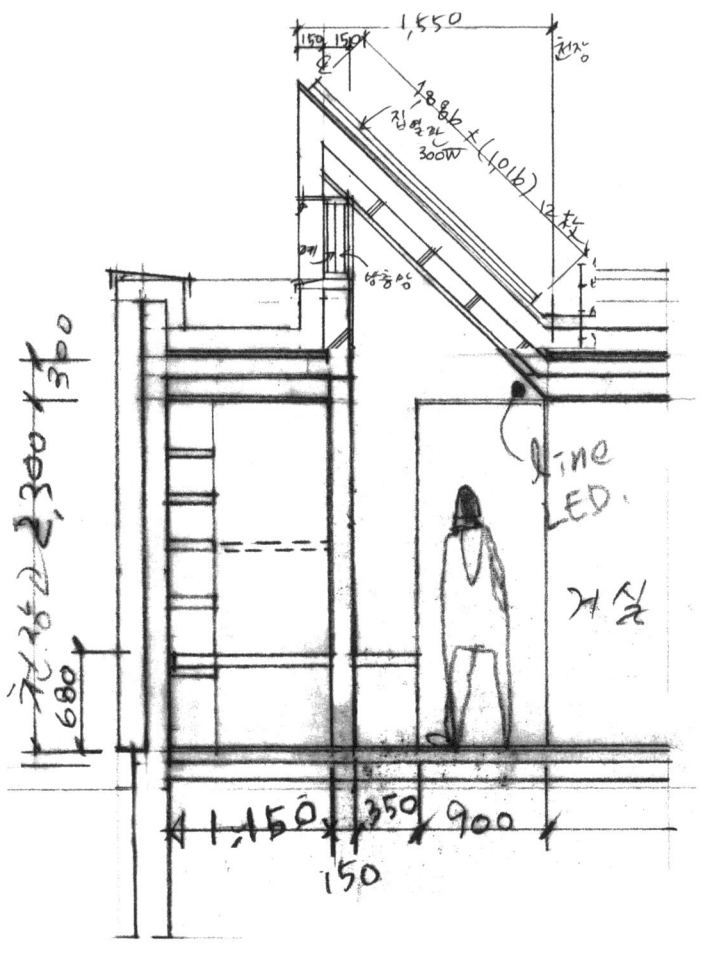

전체적으로 평지붕이지만, 복도를 경사지붕으로 했다. 이 경사는 내부에서 천장이 빛을 반사광으로 받아들이게 한다. 평면적으로는 앞-뒷공간을 구분하는 경계역이다. 외관에서는 태양광 패널을 설치하기 위한 설정이기도 하다.

19   마구간

옛날에 말이 사는 공간은 마구간이라 하고 소가 사는 공간은 외양간이라고 했다. 모두 '간'이 붙었는데, 간間은 사람이 사는 공간이며 '문' 안에 '해'가 드는 칸이다. 이에 비해 닭은 닭장에 산다. 닭과 오리는 그의 거처를 공간으로 취급받지 못했다. 다시 말해 소와 말은 사람대접하며 거처하는 공간을 제대로 건축해야 했다.

현대에서는 주차장이 마구간이다. 나는 (개인적인 편견이겠지만) 차를 밖에 두고 비를 맞게 하거나 먼지를 씌우는 것을 나쁘게 생각한다. 차도 겨울에는 춥고 여름에는 덥다. 그래서 마구간은 대문을 들어서 안거리와 밖거리 사이에 공간을 만들되 말이 비와 바람을 맞지 않아야 한다.

20 전기차

처음부터 주차장에 전기차와 충전기를 그렸다. 일찍이 쓰고 있던 디젤차를 처분하고 휘발유 차를 타고 있지만, 지방에 와서 차를 굴리려면 절대적으로 비탄소 에너지여야 한다.

더군다나 태양열 이용 주택을 만든다면 전기차가 마땅하다. 아마 우리 세대에서는 최선의 선택일 것이다. 동네 석유 차들 앞에서 우쭐할 것 같다. 다만 아직 가격이 만만치 않지만 휘발유 값을 아껴 보충할 것이다.

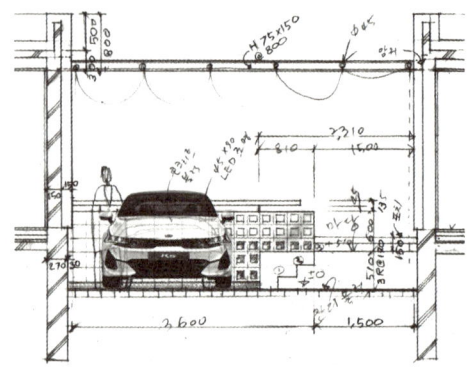

주차장은 대문간이면서 차를 위해 가급적 안정된 쉘터여야 한다.

21   안거리 밖거리

제주도의 주택은 전통적으로 밖거리-안거리의 공간 구조를 특징으로 한다. 울타리 안에 두 채의 집을 짓는데, 바깥에 아들 부부의 거처로 밖거리를 짓고, 안쪽에 원주인의 살림집인 안거리를 둔다.

  건물을 두 채로 짓는 것은 주인 부부와 아들 부부가 공존하되 두 살림의 프라이버시를 확실히 구분하는 생활 문화이다. 아마 하루 생활 주기가 다르거나, 세대 간의 다른 생활 양태를 존중함이리라. 그래서 별채에도 부엌(정지)과 유틸리티를 마련하여 최소한의 가족 생활이 가능하여야 한다. 원래 제주에서 밖거리는 사회적 공간으로 개방되기도 하는데, 이 집에서는 게스트룸이 될 수도 있다.

  좀 더 깊은 제주의 전통 주거 형식에 대해 김석윤의 「제주도 주택의 의장적 특성에 관한 연구」[7] 중 '김봉택 집'을 실례로 학습한다.

> 외부 공간의 구성은 진입에 따라서 유도 공간인 18미터의 긴 올레와 올레목에 위치한 평대문平大門의 이문거리(행랑채), 그리고 이문거리 전면(안마당 방향)의 짧은 전이 공간에 이른다. 여기서 안마당과 안거리가 일부 인식되며 이 공간을 지나 비로소 주 공간인 안마당에 도달하며, 안마당을 중심으로 한 각 동이 한꺼번에 인식된다.

안거리, 밖거리, 모거리는 형태적으로 안마당을 중심으로 한 구심적 배치를 하고 있으나 밖거리와 안거리는 간좌곤향艮坐坤向[8]의 동일 향으로 밖거리 별도의 밖거리 마당(바깥마당)이 있으며 대지는 진입도로보다 낮다. 이처럼 전체적인 배치는 안마당을 중심으로 한 ㄷ자 배치를 하고 있다.

정지는 별동으로 안거리에서 분리되어 안거리는 일상적인 생활 공간으로 취사의 분리를 볼 수 있고 안뒤(뒷마당)는 폐쇄적인 공간으로 외부인 및 남성의 출입이 제한된 지역으로 우영[9] 및 장독이 위치하여 있다. 밖거리는 본래 사회적 공간으로 육지의 사랑채와 비슷한 성격이었으나 후에 정지가 증축되어 안거리와는 별도의 취사를 영위할 수 있도록 개조하여 제주도 민가의 안거리, 밖거리의 개념으로 전환되었다. 눌왓[10]은 안거리와 모거리 사이에 통시 진입부에 위치시켜 통시[11]로의 시선을 차단한다. 안마당은 13미터×12.4미터의 크기로 정방형에 가까우며 안거리와 밖거리가 12.4미터의 거리로 떨어져 있어 일반 제주 민가 2배의 거리로 2동의 성격(육지의 안채, 사랑채의 성격)이 뚜렷하고, 안-밖거리의 동일향, 이문거리(대문채)

---

7   국민대학교 대학원 석사 학위 논문
8   집터가 간방(艮方, 북동)을 등지고 곤방(坤方, 서남)을 바라보는 방향
9   집 울 안에 있는 텃밭
10 탈곡하기 전의 낟가리를 쌓는 터
11 제주도의 돼지우리+변소

김봉택 집, 제주시 조천읍 조천리 2902-1,
1852년 건립 / 김석윤, 국민대학교 대학원

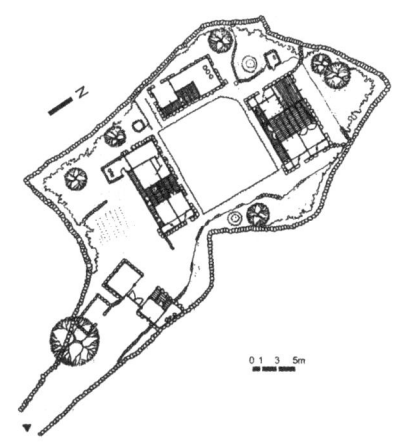

의 설치 및 밖거리 마당(바깥마당)과 밖거리에 1.7미터 높이의 시선 차단 돌담을 쌓아 이문거리에서 안마당 쪽으로의 시선을 차단시켜 안마당의 폐쇄도를 높인 것은 유교적인 영향으로 추론되며, 제주도에서는 보기 드문 시설로서 육지의 일반 상류 주택의 공간 구성과 유사하며 당시 이 집 거주인의 신분과 생활 정도를 알 수 있다. 이와 같이 배치 및 공간 구성은 육지의 형식에 눌왓, 우영 및 통시(변소), 안뒤의 폐쇄성 등은 제주도 민가 공간 구성을 가미한 배치이다.

대개 안-밖거리는 평행하게 배치하여 서로 건너다보고 있다. 이 사이에 마당이 있어 두 채가 거리를 자연스럽게 유지한다. 두 건물을 평행 배치하면 하나가 남향이 되지만, 건너편 다른 하나는 북향이 될 수밖에 없다. 그러나 이러한 좌향은 제주의 아열대성 기후에서 크게 문제가 되지 않는다. <51-6>에서는 대문채를 공

제주시 삼양동 강씨 댁 초가, 제주도 민속자료 3호 / 안거리-밖거리의 평행 구도

추사 유적지(복원), 제주 / 안거리 마루에서 평행하는 밖거리를 보는 구도

유하되 마당은 ㄴ자로 함께 보는 구도이다.

　이처럼 제주의 생활 행태에서 평행parallel은 어떤 목적 결과인데, 이것을 이천에서 직교orthogonal로 바꾸면 두 채 문화는 무효가 되는지 모르겠다. 안-밖거리에서는 공유하는 공간과 중복되는 한이 있어도 따로 마련하는 공간이 있다. 그러니까 경제적인 이유보다 더 중요한 것이 있는 모양이다.

　안거리의 마루에 앉아 건너편 밖거리를 보면 처마가 겹쳐 보인다. 평행은 대향對向이고, 직교는 엇갈림의 차이이다. 바람이나 밖으로부터 위해를 방어하기 위해 평행을 취했으면 현대적 상황에서 이 기하학을 직교로 바꿀 융통성은 가능할 것 같다. 아무리 그래도 두 채를 상-하층으로 쌓아 만드는 것은 생각지도 않는다.

22 별채

밖거리는 (조그만 공간이지만) 완전한 생활 기능을 갖추어야 한다. 며느리가 시어머니 눈치를 볼 필요가 없다. 손자가 맘대로 뛰어놀다 방바닥이 꺼져도 상관없다. 욕실은 물론 식사도 따로 꾸릴 수 있다. <51-6>에서 부부 싸움을 대판하고 가출하여 행색이 곤궁해지면 이 별채로 피난 가는 게 낫다. 농성이 길어지면 라면이라도 끓여 먹고 버틸 수 있다.

만약 며느리도 안 오고 손자도 찾아올 일 없다면, 별채는 셋집이 될 수도 있다. 그래서 신혼부부 생활 정도는 자족할 수 있어야 하며, 더욱 완벽한 프라이버시가 보장되어야 한다. 소싯적에 셋집에 살면서 주인집의 텃세에 고생하던 일을 기억해야 한다. 주인의 성질이 사나울수록 공간적으로 분리가 완전해야 한다.

별도의 접근 방향에서 현관을 따로 만들었는데, 빌딩 시스템에서는 헷갈리는 게 많다. 옛날에는 정지에 아궁이가 따로 있어 필요한 채에 불을 때면 되었다. 지금은 보일러를 따로 설치하고 가스통도 따로 만들어야 하는지, 공조기는 당연히 채마다 별도로 설치하겠지만 전기계량기를 따로 설치하여야 하는지, 둘은 하나보다 두 배 이상 복잡하다.

23   출근

안채에서 거주하고 별채를 작업실로 하여도 좋다. 출근 거리가 10미터도 안 되는 2분 거리이지만, 비가 오면 우산을 챙기고 추우면 외투를 껴입고 가야 한다. 대신 자동차를 타지 않아도 되니 교통사고의 염려는 없다. 무엇보다 백수白手이지만 '갔다 올께'도 할 수 있다.

    신발 끈을 질끈 묶고, 아침 안개를 지그시 밟고 간다. 출근하면서 보는 집은 땅 안개를 펴고 누워 하늘 안개를 덮고서 은근해 한다. 아무리 마당이 통념적인 공간이라 해도 나와서 보지 않으면 모르는 현상이 많다. 비 온 뒤 아침 마당, 데워지는 지표와 공중 사이, 서릿발 사이의 햇살, 눈 위에 서린 무지개.

24 지하층의 운명

지하층을 가지면 대부분의 생활 물건을 지상에서 퇴출시킬 수 있다. 단층만으로 공간을 만들면 물건 수장의 압박을 가구로 해결하거나, 그냥 널브러트린 채 살아야 한다.

이번 계획에서는 상당한 면적의 지하실을 두어 책, 옷, 물건을 쓸어 담으려 했다가 중도에 지하층을 포기했다. 설계를 진행하던 중 최진열이 자꾸만 지하층의 방수, 방습 문제를 염려한다. 그 의사에 솔깃해지면서 지하층을 포기한다. 사실은 그보다 집 면적이 줄고, 공사비를 아끼고, 공기 단축이 확실해진다는 유혹이 이긴 것이다.

대신 1층 후면(북쪽)에 유틸리티 라인을 두었다. 그래 보았자 지난 70년 동안 쌓아온 물건을 수장하는 데 큰 도움이 될 것 같지는 않다. 먼저 살던 집에서 이사하려면 물건의 반 이상을 버려야 할 쾌거가 벌어질 것이다.

25 시공 / 착공

2020년 6월 1일 시공 계약을 했다. 시공을 맡아 준 조우영JAIN건축 사장은 이천을 근거로 많은 주택을 건설하고 있었다. 짐작하건대 이 집의 시공을 맡는 것을 피하고 싶었을지도 모른다. 워낙 공사비 단위가 작기 때문에 회사 경영에 도움이 되지 않는다. 그래도 처음 면담에서 예전에 국민대학교의 봉 교수나 김 교수의 설계 일을 해 보았다고 한다.

시공은 계약에 앞서 시행자의 견적을 받고, 요구하는 공사비가 타당하다고 생각될 때 성립된다. 그런데 지방에서는 시공을 맡겨도 적확한 견적을 내는 것이 어렵다. 일차적으로 공사 계약 때 견적서가 오기는 하지만, 내용이 거칠고 사후 정산할 옵션이 많다. 그래서 결국 평당 몇백만 원의 계산으로 공사 비용을 생각하니 불확정으로 시작하는 것이다. 또 하나 불확정의 문제는 공정표가 없다는 것이다. 지방의 현장은 애매한 공정을 당연시하는 풍조다.

조우영 사장 밑에서 공사의 관리를 맡은 박성재 과장은 아직 젊다. 젊은 만큼 공정 전부를 뛰어다니며 바쁘다. 그는 트럭을 몰고 다니면서 현장에서 뼈를 키우고 있는 것 같다. 아마 그가 나중에 CEO가 되면 유능한 건설인이 될 것이다. 다만 그때까지 공정의 복잡성을 통합시키며 더 유연하게 정리하는 경험이 중요할 것이다. 건설은 여러 개의 톱니바퀴가 엇물려 돌아가며 움직이는 것과 같다.

2020년 6월 10일 터파기와 기초 자리를 잡아 착공하였다. 원래 공사를 시작하는 날은 길일吉日을 잡고 정결하여야 한다. 고사를 지내고 땅의 신에게 또는 건축의 혼에게 무사 안녕한 시공을 빈다. 시루떡을 차리고 돼지머리를 놓고 관련하는 사람들이 절하면서 지폐도 몇 장 드린다. 대지에 고수레를 드리고 음복飮福을 나눈다. 그러면 공사 중에 사고도 없고 다치는 사람도 없이 잘 끝낼 수 있다.

그런데 요즈음은 액땜을 고용보험, 산재보험으로 대신한다. 보험료로 1백6십만 원이 들었는데, 아무래도 고사 지내는 비용이 훨씬 경제적인 것 같다.

착공 / 땅 고르기, 기초 앉히기
전면 도로에서는 1미터 정도 돋우었지만, 측면 도로는 경사져 뒤 대지에 이른다.

26 구조

우리나라에서는 콘크리트 구조를 너무 편하게 쓴다. 아직 인건비에 여유가 있고, 시멘트 산업이 괜찮은 모양이다. 작은 집에서 전체 구조를 철근콘크리트로 하는 것은 다소 과잉 구법이라고 생각하지만, 시공자들은 마다하지 않는다. 콘크리트와 철골 또는 목조 등을 혼합하면 공정이 복잡해지고 공기가 늘어진다는 것이다. 심지어 내부의 작은 칸 구조(화장실, 유틸리티 등)도 콘크리트 벽으로 하는 것이 미안하다. 콘크리트는 환경 생태적으로 지속 가능한 재료가 아니기 때문이다.

콘크리트 구법에서 통상 기초와 바닥 판을 분리하여 시공하여야 하지만, 지방의 시공은 한꺼번에 타설한다. 기초와 1층 바닥을 한꺼번에 타설하면 땅에 접속되는 부분이 설계도처럼 각도와 치수를 만들 수 없다. 흙의 안식각 때문에 대충 사선으로 쳐서 거푸집 없이 뭉뚱그려 콘크리트를 타설한다. 그러면 땅과의 접촉면에서 단열재를 깔지 못하는 부분이 생긴다. 물론 기초 부위는 흙에 묻히며 콘크리트가 40센티미터 정도로 두터우니 단열이 굳이 필요하지 않다는 이유이다.

구조설계를 해 준 건축구조기술사 이주현은 젊은 사람 같은데, 해석이 적합한 것 같다. 구조는 모자라서는 안 되고 지나쳐도 안 된다. 아마 가장 합목적성에 투철한 직능일 것이다.

구조역학은 그 속성이 과학적인 것 같지만, 사실은 해석하는 사람에 따라 차

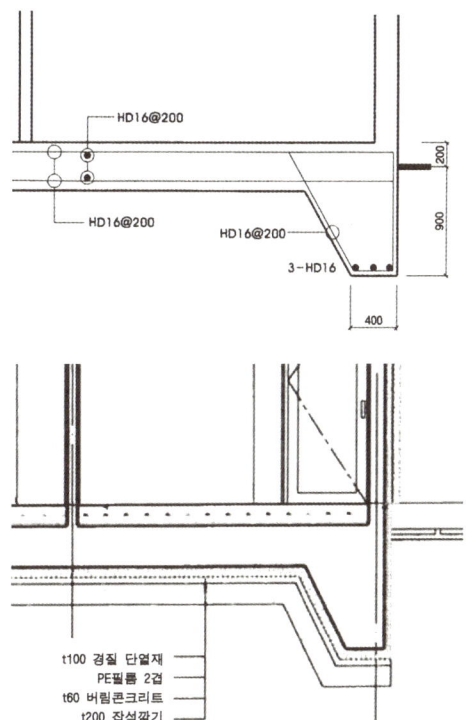

구조도와 건축 상세도에서는 기초 부분에서부터 방습과 보온을 어떻게 하는가를 지시한다. 그러나 현장은 아래와 같다.

기초 구조와 바닥을 한꺼번에 콘크리트 타설하면 사진과 같이 되기 쉽다. 단열재(핑크빛)를 바닥에 깔지만, 기초 측면까지 이어지지 못한다. 도면과 현장의 괴리이다.

이가 크다고 본다. 구조 기술은 시스템의 이해는 물론이고 기술자의 개성이 상관된다는 생각이다. 예를 들어 사고의 트라우마가 있는 기술사는 계산이 세지고, 긍정적인 성격의 기술사는 합목적적이라는 것이다.

그런데 전반적으로 예전(1970년대)보다 구조 기준이 많이 강화된 것 같다. 지진도 그렇고 방화 기준도 상당히 세졌다. 그래서 옛날 감각으로 단면을 계획하면 낭패를 본다. 콘크리트 두께는 10센티미터가 아예 없고, 15센티미터가 20센티미터쯤 되었으니 30퍼센트 이상 증대된 셈이다.

물론 경험이 풍부한 기술사가 컴퓨터 응용의 역학계산으로 최적화를 찾아주니 따질 것도 없이 구조기술사가 하라는 대로 하면 된다.

27 재료

재료마다 계절을 탄다. 붉은 벽돌은 축축한 가을비 풍경 속에서 더 빛난다. 중동에서는 잘 쓰이지 않지만, 영국에서 곧잘 받아들여지는 이유이다. 화강석은 큰 스케일에서 중량의 미학을 갖지만, 들여다보면 미시적 감각이 있다. 유리를 유리답게 만드는 것은 청명, 투과, 팽팽함인데, 당연히 큰 면적이면 좋다. 주변이 어둑해지고 실내의 조명이 더 밝아질 때 투명의 존재감이 빛난다. '투명'이란 '없는 것'인데도 그렇다.

백색은 질석 보드로 잘 만든다. PF보드페놀폼 단열재를 쓰는데, 단열재와 경구조가 일체화된 외장재이다. 내화성능도 믿을 만하고 비용도 싸다. 마지막 마감은 도장이기 때문에 옅은 질감을 만들 수 있고 색조도 자유롭다. 다만 백색 외벽을 위해서는 막연한 덩어리가 아니라, 그늘과 그림자陰影를 타는 몸의 굴곡, 절곡이 필요하다. 집단을 이루면 더 멋있고, 주변의 녹색과 함께하면 더 좋다. 그러니까 종합적으로 보아 재료는 그 자신의 재질만이 아니라 주변의 환경과 동조하면서 어떤 질료質料가 된다는 것이다.

어찌 보면 집은 겹겹이 레이어layer를 발라 두께와 공간을 만드는 것 같다. 속옷과 겉옷으로 겹겹이 입거나 포장하는 일과 닮았다. 홑겹처럼 만들기도 하지만, 안과 밖의 성능이 달라 여러 겹으로 할 이유가 많다.

28 공정

신神은 과정 속에 있다는 것이 평소의 믿음이다. 여기에서 신이란 마호메트나 예수가 아니라 온갖 세상의 신이다.

    일을 시작하기 전에는 신이 개입할 게 없다. '일이 잘되게 해 주세요' 간구懇求해 보았자 소용없다. 결국 공정은 사람이 한다. 노동이 시작되면서, 이 세상에 없던 무엇인가 만들어지기 시작하면서, 비로소 신이 개입한다. 목수가 목재를 다루어 벽을 만들 때 목재 신이 끼어든다. 콘크리트 신이나 철공의 신이 있어 그 공정마다 사람의 손과 물질 사이에 끼어든다. 그러니까 모든 공정에서 우리가 최선을 다하여야 하는 이유가 있다는 것이다.

29 콘크리트, 무게에 대한 몸짓

보통 건축 공사는 기초의 콘크리트로 시작해서 마무리 콘크리트로 끝난다. 현대 건축을 조형미로 보기 시작한 것은 순전히 콘크리트 덕분이다. 그 무게와 거친 피부의 미학이 콘크리트이다.

이번 공사에서 주무를 맡은 자인건축의 최재영 팀장은 흙과 콘크리트의 달인이다. 옛날 건축은 목공이 주무였지만, 요즘 현장에서는 콘크리트가 주체이다. 콘크리트는 단순히 구체를 만드는 일만이 아니라 창호 설치, 전기 통신 배관, 난방 설비, 상-하수도 시스템과 상호적이다. 최재영 팀장은 트럭을 한 대 끌고 다니는데, 짐칸에는 각종 공구와 부품이 만물상처럼 들어 있다. 트럭은 마치 굴러다니는 공장 같다.

콘크리트 공정은 크게 거푸집 설치 - 철근 배근 - 콘크리트 붓기 - 양생 - 거푸집 철거의 과정인데, 기계화 비중이 커졌다. 아무리 타설 양이 적어도 레미콘이 와야 한다.

콘크리트는 허공에다가 괴체를 만드는 작업이므로, 마감을 예상하여 치수를 더하거나 빼는 감각이 필요하다. 건물을 3차원 치수로 이해하되, 거푸집 모듈로 재해석한다.

거푸집 : 콘크리트 공은 거푸집에서부터 기하학적 센스가 필요하다. 요즈음 거푸집은 규격화되어 있어서 이를 현장 치수에 맞추어 3차원의 모듈을 적용한다. 물론 콘크리트를 쉽게 부을 수 있는 공정을 강구하되, 콘크리트 압력으로 변형이 생기지 않아야 한다. 규격화 패널로라도 줄눈이 생기면 어떤 패턴을 만들 수 있을 것 같은데 거푸집 역학의 이유로 어렵단다.

콘크리트가 굳은 후 거푸집을 제거하면 표면 질감이 찍혀 나온다. 그래서 거푸집 면 처리와 콘크리트 묽기에 세심하여야 한다. 콘크리트를 골고루 다져 넣는 일도 중요하다. 보통 노출 콘크리트와 구체 콘크리트로 구분하는데, 일본의 기술에 비하면 우리 지방의 것은 콘크리트도 아니다. 송판으로 목질의 피부를 만드느냐, 철판으로 매끈한 표피를 얻느냐 등 선택은 디자인하기에 달렸다. 다행히 이 주택에서는 콘크리트가 크게 드러나는 부분이 없다.

배근 : 당연히 구체構體 공사에는 역학적 책임이 따른다. 물론 철근을 설계도대로 배근하지만, 힘의 거동을 읽는 역학적 감각이 필요하다. 현장에서 배근은 인장과 압축을 해석하고, 임기응변할 수 있어야 한다. 보통 수평 보에서 상단은 인장이 작용하고 하단은 압축이 일어난다. 철근콘크리트로서는 철근이 인장을 담당하고 압축은 콘크리트에게 넘기기 때문이다.

붓기 : 콘크리트는 물에 배합된 페이스트를 거푸집 안에 부어 굳힌다. 그 이후는 요지부동의 경체硬體가 되니 타설 전에 용의주도하여야 한다. 즉 되돌리기 어려운 공정을 기하학적 판단과 타이밍으로 대응하니 복잡하다. 물론 사람의 살이 푸석푸석하기도 하고 근육의 밀도도 다르듯 콘크리트는 배합에 따라 강도가 달

전에는 콘크리트를 비비고 나르고 퍼 넣는 일을 여러 사람이 합동으로 하느라 소리를 지르며 바빴지만, 요즈음 현장에는 레미콘과 펌프카의 굉음만 있다. 아무리 그래도 마지막 고르는 일은 사람의 몫이다.

콘크리트 고르기
굳기 전에 짧은 시간이지만 이제부터는 몸이 나서야 한다.

라진다. 보통 콘크리트는 레미콘으로 공급하는데, 이 재료는 시간과의 싸움이다.

처방전에 따라 다르지만 일반적으로 레미콘은 공장에서 출하된 후 현장에서 타설까지 한정된 시간 안에 끝내야 한다. 그래서 레미콘은 공장에서 공사 현장까지의 거리가 중요하다.

> 콘크리트는 특성상 90분 이내의 거리에 있는 대리점에서 주문할 수밖에 없기 때문에 약품 첨가 비율은 복불복이다. 같은 건설 현장에서 근무하는 노동자라도 레미콘 근무자들은 품질을 정확히 맞추지 못한다. 횡포도 심하고 규격화되어 있지도 않다. 일본의 경우 강도, 규격, 색상 등이 규격화되고 세분화되어 있는 반면, 우리나라는 생산자가 주는 대로 받아 써야 하는 현실이 너무도 안타깝다.
> _『감 매거진(GARM Magazine) 03 콘크리트』, 2017

여하튼 레미콘이 오면 현장이 부산해진다. 서둘러 타설하여야 할 타이밍이 있고, 붓는 사람, 다지는 사람, 편평히 하는 사람이 일사불란하여야 한다. 굳기 전에 서둘러 정돈시켜야 한다. 전체적으로 무거운 공정이기에 기능공들의 합심이 필요하다. 가끔 콘크리트를 타설하는 모습을 보면 장정들의 한바탕 축제 같다.

30   대문간에 닥친 첫 번째 문제

집이 전체적으로 허술해도 대문간에는 공을 많이 들였다. 외출에서 돌아오는 '귀가'를 맞는 공간이며, 방문객의 첫 대면 공간이기 때문이다.

집을 지으면서 줄곧 여러 가지 생각이 왔다 갔다 하는 게 (별 기능도 없어 보이는) 대문간이다. 도면도 그려 보고 현장에 갈 때마다 눈 그림도 그려 보았지만, 자신이 서지 않는다. 그것은 큰 개념의 문제가 아니라 실제적인 것이다.

첫째는 자동차 2대가 쉽게 들고 날 수 있는 주차장을 만드는데, 진입 도로 폭이 4미터뿐이다. 더군다나 경사진 도로로 들어가 평탄한 주차장 바닥을 만드는 기하학적 이해가 쉽지 않은 것이다. 진입로의 경사는 1/8 정도이고, 대문을 전면으로 보아 낮은 쪽은 -17센티미터, 높은 쪽은 +17센티미터이니 대문 선에서 보면 고저 차가 34센티미터 정도 된다. 이 경사를 대문에서 수평으로 바로 잡아 주차장 바닥을 ±0으로 만들어야 한다.

두 번째는 대문을 다는 기계적 기술이 쉽지 않다. 슬라이딩 문으로 하는데, 바닥이 경사졌으니 문짝이 공중에 뜬 채 여닫혀야 한다. 소위 무궤도 켄틸레버 구조로 구동하여야 한다.

대문 업체를 경기도에서 두 군데 찾았다. 한 업체는 이런 일을 자주 해 본 모양이지만, 작은 일에는 성의도 작다. 견적이 2천만 원 이상이다. 차선책이라고 본 업체 <건설금속>은 좀 더 기술 상담이 잘 이루어지며, 공사비는 앞 업체의 2/3 수준이다. 무엇보다 건설금속 박응용 대표의 적극적이고도 자상한 기술 상담이 유효했다. 대문은 구동 모터와 뜬 레일이 노하우인데, 국내에는 독일제, 이탈리아제, 체코제가 있다. 체코의 기계공학은 우리에게 좀 생소한데, 옛 소련 시절 탱크나 대포 등 전투 기기를 만들면서 축적된 기술이라 한다.

대문 달기를 추진하면서 (허접했던) 대문간에 대한 생각이 많아졌다.

31 대문의 수사학

초라한 집에 대문만 웅장하게 과시하는 경우도 있지만, 여하튼 동양에서 문은 중요한 건축 기호인 모양이다. 폐閉와 개開는 모두 문의 빗장 모습을 형상화한 것이다. 산門은 빗장이 걸린 모습이 한눈에 분명하다. 한閈은 동네의 문이고, 팽閎은 대궐 문이며, 창閶은 하늘의 문이니, 문마다 격이 다르다. 획閴이나 평閛은 문소리의 표현인데, 한자가 소리글도 되는 게 신기하지만 문소리에 따라 글씨를 만들어 쓴다.

문을 인문학적으로 보면 조금 달라진다. 한閑에는 문에 나무가 들었다. 간間과 한閒은 모두 사이의 뜻인데, 문에 달과 해가 들어갔으니 시점에 따라 다른 정서로 만드는 이미저리이다. 묻거나問, 듣는聞 것도 모두 문이다. 비閟는 문을 닫는 것이지만 숨기거나 삼가는 것도 이 글자다. 그래서 비비閟閟하면 매우 신중함이다. 벌閥은 공을 쌓는 것으로 문벌門閥은 가족의 세력이 된다. 문門 이야기가 너무 길어지는데, 여하튼 문을 요소로 하는 한자는 통용되는 것만 해도 159개로 확인된다. 가문家門, 문중門中, 문벌門閥, 동문同門 등 복합명사로 쓰면 더 넓어진다.

제주도에서 대문은 허술하지만 대신 구체적인 메시지를 표시한다. 대문 자리에 구멍 3개씩을 뚫은 정주석을 양쪽에 세우고 나무 봉정낭 3개를 가로지른다. 가

성읍 조일훈 가옥
제주도 서귀포시 표선면 성읍리 / 정낭이 세 개 내려져 있으니 들어와도 좋다는 말이다.

로지르는 3개 목봉이 기호인데, '멀리 외출 중'이면 3개를 수평으로, '저녁때면 돌아온다'는 아래쪽 2개를 수평으로 하고 위 1개는 한쪽을 내려놓는다. '금방 돌아온다'는 뜻으로 맨 아래 1개는 수평이고 위 2개의 한쪽을 내려놓으면 들어와 기다려도 좋다는 표시이다. 3개 모두의 한쪽을 모두 내려놓으면 집에 있으니 들어오라는 기호이다. 문이 상황의 표시와 벌어질 시간까지 말하는 획기적인 건축 언어학이다.

32 담장과 대문, 그 방어의 효능

북한 말에 '절에 쇠 건 것 같다'라는 말이 있는데 산속 절간이 자물쇠를 잠가야 무슨 소용이 있느냐는 비유이다. 시골에서 담장을 치는 것도 그러하다. 시골의 담장은 대부분 허리보다 낮고 대문을 만들지만 들여다보인다. 이웃을 '막는다'는 것이 겸연쩍지만 심리적 방어를 위해 최소한의 울타리를 치는 것이다.

<51-6>도 대지 경계를 따라 대문을 제외하고 높이 1미터의 펜스를 만든다. 펜스는 도둑을 막는 일보다 오소리, 멧돼지, 하이에나, 코뿔소를 막는 것이 중요하다. 도적은 이 집에 들어가 봤자 별 볼일 없을 것을 잘 알지만, 백곰은 무작정 침범할 수 있기 때문이다.

그런데 원래 동네에 살던 사람들은 담도 없고 문도 없이 다 열어 놓고 산다. 그러니까 이렇게 어정쩡하게 방어하는 집을 보면 모두 도시에서 온 사람들이다.

33   대문의 복잡한 생태

의외로 대문간은 드나드는 기능만이 아니라 훨씬 복잡한 성능을 가지고 있다. 이 공간에 끼어드는 요소가 많은데, 우선 주차 문제이고, 전기로서는 보안 조명, 전기차 충전기, 전기계량기, 주차장 바닥 열선, 정보 체제로서는 CCTV, 비디오 폰, 설비에서는 정화조와 기폭기, 수도 계량기, 전기 구동 대문을 위한 시스템과 전원, 샛문의 전동 개폐 장치, 그밖에 우편함(택배 보관함), 국기 게양대, 문패 등이 있으니 간단하지 않다. 만약 문이 없다면 이러한 요소들은 산발적으로 형성될 것이다. 그래서 <51-6>은 (큰) 콘크리트 벽을 하나 세우고, 여기에 모든 요소를 집합시켰다.

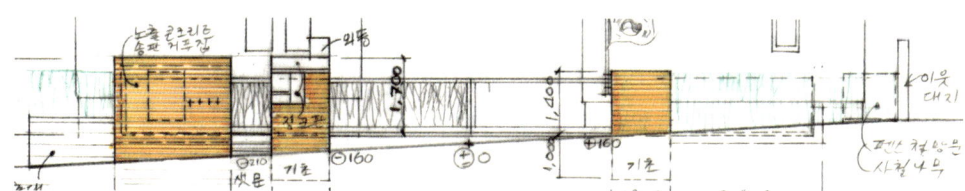

대문간 입면
생각보다 복잡한 요소의 집합체이다.

34 대문간, 집의 얼굴

시골집도 아무 데로나 드나드는 게 아니라, 아무리 개방된 배치라 해도 대문을 통과하여야 한다. 이것이 좀 더 공간적으로 다듬어지면 대문간이 된다. 그러니까 대문은 문짝만 달아서 되는 게 아니라 공간과 수사를 만드는 일이다.

대문을 드나드는 것은 사람만이 아니라, 멧돼지도 들고 뱀도 들어온다. 여하튼 그 통과가 편안해야 하지만, 안마당에 이르기 전에 시선을 한번 거르는 중간 공간이 필요하다.

스페인의 주택에서 대문간은 entry - foyer - loggia - courtyard로 이어지며 공간이 깊다. 이 공간은 안주인들이 온갖 정성을 다해 꾸미고 다듬는다. 대문을 들어서면 넉넉한 공간에 설치된 분수, 벽천, 벽에 거는 화분, 모자이크, 조각 등이 장식 산업이 될 만큼 주택 문화에서 중요하다. 이곳은 길을 지나가다가도 대문을 통해 잘 드러나기에 주인이 과시적으로 장식하기도 한다.

<51-6>도 대문간에서 주차하고 안마당에 오르는 과정에 장식 공간을 만든다. 일단 Q블록을 쌓아 안팎의 차벽을 만들지만, 숭숭 뚫린 블록의 공백을 오브제로 장식할 것이다. 영롱玲瓏 벽이다.

Q블록의 규격은 20×20×20센티미터 입방체이고, 그 안에 11×11×20센티미

채원병 가옥의 문간채
전라북도 군산시, 1860년 건축, 1901년 재축

스페인 주택의 대문간
코르도바(Córdoba)

터의 공백이 있다. 우리나라 소주병의 규격은 지름 6.5, 높이 21센티미터로, 이를 유리블록으로 만들면 안성맞춤이다. 초록 병은 햇빛이 통과하여 영롱할 것이고, 투명한 병은 안에 색 물을 넣어 쓸 생각이다. 그런데 현장에 소주병을 주워 모아 놓고 '쓸 것! 버리지 마세요' 표시를 해 두어도 사람들이 자꾸 내다 버린다. 그러니까 소주병은 (어떤 미학을 가지고 있어도) 싸구려 취급을 받는 모양이다.

도시에서나 시골 동네에서 대문을 철판 문으로 만들어 꽁꽁 달아 둔 모습은 끔찍하지만, 대문간이 들여다보이는 길은 쇼윈도가 연속되는 것처럼 아름답다. 그러니까 대문은 꽝꽝 닫는 것이 아니고, 있는 둥 없는 둥 하는 것도 아니고, 아름답게 구체적으로 만들어야 한다. 보통 시골에는 '문 없는 집'이 많지만, 크든 작든 문을 건축적 물상으로 보아야 한다.

35 편지를 기다림, 우편함

시골집은 편지를 기다린다. 편지는 해야 온다. 사람들에게 이사했다는 전갈이라도 해야 하는데 아무래도 '수취인 부재' 반송이 많을 것 같다. 그동안 그렇게 살았다.

여하튼 지방에서는 왠지 우편함 내부를 넉넉한 크기로 만들 필요가 있을 듯하다. 투입구 높이를 1미터 아래로 하는 것은 무거운 택배가 올지 모르기 때문이다. 서울살이에서는 귀찮던 광고 전단, 신문 배달도 기다릴 것이다. 우편함 바로 위에 문패가 있어야 하고, 안에서는 내용물을 볼 수 있도록 투명하게 한다. 서구에서도 우편함은 따로 디자인하여 시각적 요소로 즐긴다.

비디오 폰은 집 안에서 방문한 사람과의 첫 소통이 벌어지는 설비이다. 방문자에게는 벨을 누르는 것 자체가 편안한 일은 아닐 것이다. 그런데 어린이나 장년이나 상대방의 얼굴 높이가 다 다르니 난감하다. 어두울 때 오는 사람도 있고 비올 때 올 사람도 있지만, 정작 내가 집에 없는 시간이 많다. 부재를 표시하는 방법이 있으면 좋겠다.

대문은 드나드는 기능만이 아니라, 우편함, 인터폰, 문패, 계량기, CCTV 등 수많은 정보 체계의 집합체이다. 사람의 키 높이로 디자인하지만, 배달부의 신장을 알 수 없고, 찾아오는 사람이 아동일 때도 있으니 난해하다.

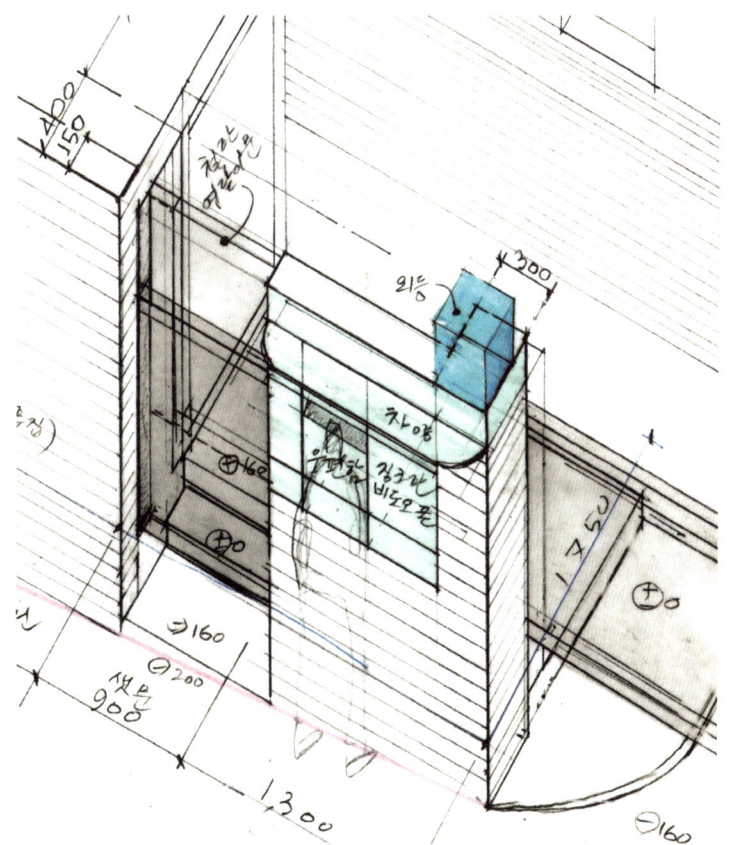

36 공간의 얼개

안채 공간은 옆으로 길다. 건물은 그냥 한 뭉텅이가 아니라, 음악처럼 길게 늘어지는 길이가 필요하다. 길게 늘어진 복도를 척추로 하여 뒤쪽은 유틸리티(욕실, 기계설비, 수납)를 붙이고, 그 앞쪽으로는 거실(안방, 부엌, 식당, 테라스)이 이어지며 박자와 음계를 갖는다. 일단 이것을 가지-열매 구조라 하면, 복도는 줄기이고 거기에 생태를 지원하는 서비스 공간이 꽃받침이며 그 앞으로 살림 공간이 열리는 것이다. 그래서 선형 구조는 길이로 발달한다.

현대 전원주택이 전통 한옥에서 빌려올 양식이 있다면 칸의 공간 구조이다. 전통 건축이 아름답다고 하지만, 이미 형태는 구조가 다르니 따를 게 없고, 한옥으로 짓는 일은 억지로나 할 일이다. 현대 공법에서 남은 양식이라면 칸으로 이어지는 홑집의 공간이다.

근간根幹에 달린 몇 개의 주제가 공간을 만드는 것이다. 도시 스케일에서는 리듬과 음계를 장대하게 할 수 있다. 그러나 소형 주택에서는 아무래도 음조가 짧아 가능한 몸을 길이로 늘릴 것이다. 이러한 선형 구조는 설비 라인을 단순화시키고 공간의 효율을 기대한다. 대신 체계의 생각이 먼저 작동하면 공간적 표현이 단조로워지고, 공간은 뻣뻣해질 수 있다. 넓지 않은 땅에 단순한 체계로 성능을 극대화할 수작이다.

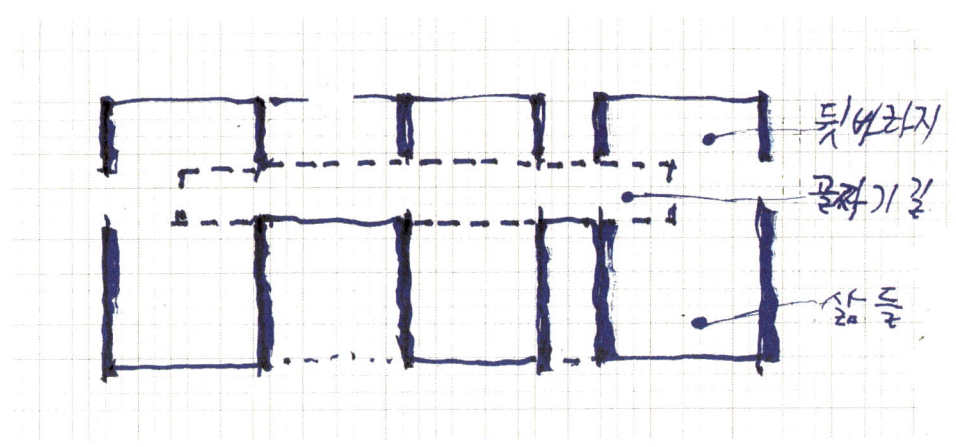

전면 4칸 반에 측면 반+반+1칸 집인데, 칸마다 공간적 역할이 있다.

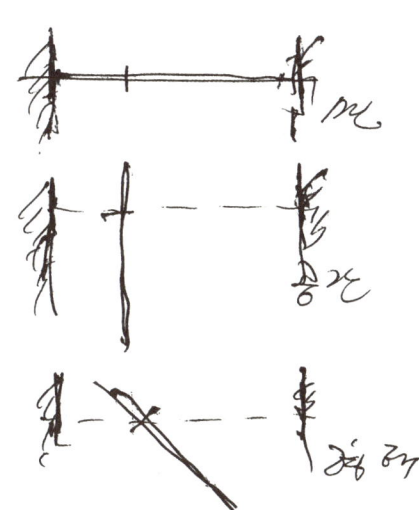

피벗 패널의 3가지 효용

37 시각축

건축에서 기하학적 선형 구조가 보편화되면서 의당히 건축 공간에는 이러저러한 시각축이 생긴다. 시각축은 전면을 주시하게 하면서 시각적 초점vista을 형성한다. 도시에서는 킬로미터 단위의 시각축이 만들어지고, 건축에서는 미터 거리에서 형성된다.

시선이 길게 늘어날 때, 그 전방에 시각적 요소를 준비하여야 한다. 그냥 막연하게 끝나면 아까운 공간적 기회이다. 복도 끝에서 시선을 받아 내는 창이나 현관에 들어서 시선 앞에 만나는 유리문 등과 같은 경우이다. 그것은 의식적으로 늘린 공간의 길이에서 시선은 오래 지속되고 원근법이 깊게 작동한다. 그 위치에 시각적 요소를 놓거나, 자연의 풍치를 잡아내거나, 단순하게는 색채를 배치하여도 좋다.

시각적 터널을 만들기 위해 종국終局점에는 주변이 단순하여야 하다. 끝판에서는 빛에 유의해야 하는데, 명암 대비로 빛나게 하든지, 오히려 어둠에 묻어 설정된 오브제를 두드러지게 하는 기교이다. 이 시각적 통通은 수평적일 경우 눈높이인 1.5미터가 중요하지만, 다층에서는 수직적일 수도 있다.

만약 규모가 큰 공간이라면 좀 더 용의주도한 시각축의 구성을 주체적 개념으로 하여 인상적인 공간을 만들어 볼 만하다.

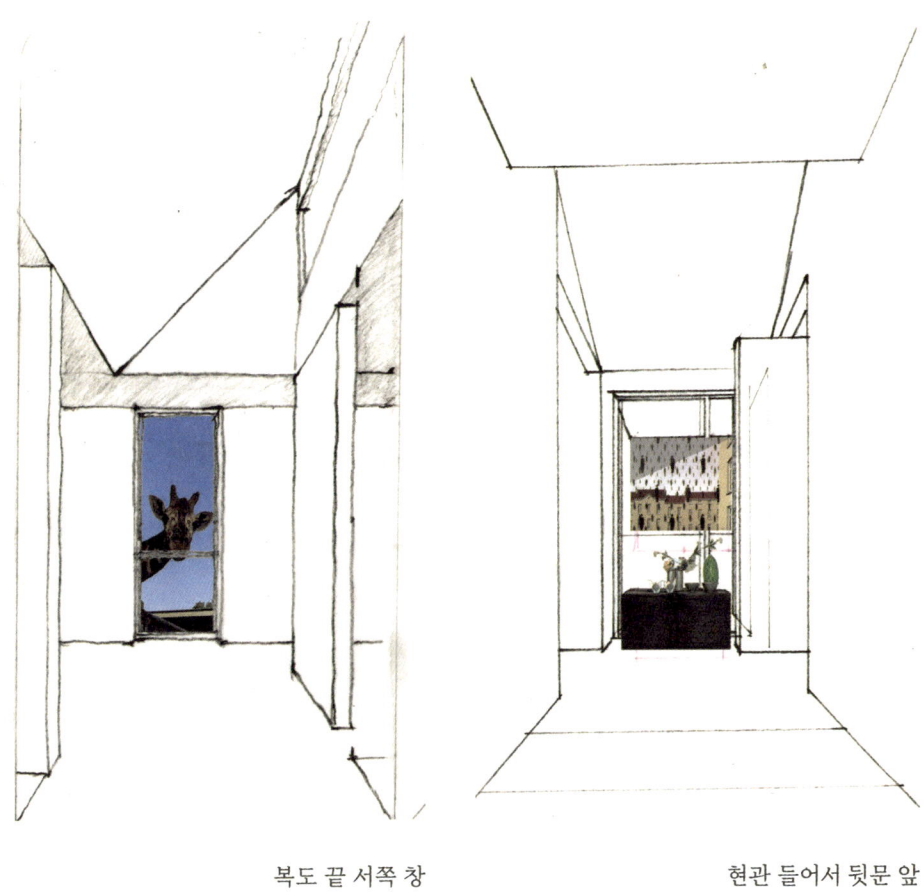

복도 끝 서쪽 창   현관 들어서 뒷문 앞

38 문 또는 공간 전환 패널

문은 원천적으로 열고 닫는 기능이지만, 좀 더 확장하면 공간의 전이 장치이다. 안과 밖, 여기와 저기, 프라이버시와 공공 사이의 장치이다. 종교 시설에서는 세속과 성소 사이의 경계라는 상징성이 더 크기도 하고, 감옥소는 절대 차폐의 기능이다. 역사시대 동안 몰딩과 조각 등 장식적 요소도 강했다.

두 식구가 사는 집의 실내에는 방문이 없어도 괜찮다. 욕실이나 기계실 말고는 어차피 가리거나 닫을 일이 없다. 침실이 있기는 하지만, 문이 아니라 피벗 패널이든지 미닫이 패널로 하여 공간의 전환 장치로 생각하면 좋겠다. 그러면 문짝이 아니라 가리개 또는 패널이 된다. 그러니까 열어 놓으면 공간으로 터지고, 닫으면 면이 되고, 대충 닫으면 형태가 된다.

이 회전문을 달려면 바닥에 문짝 무게에 따른 급수의 바닥 힌지 floor hinge를 장착하여야 한다. 보통 바닥 난방의 코일이나 마룻널과 충돌할 수 있으니 설비 이전에 설치해야 한다.

39 집 크기

청소하기가 싫어 욕실 크기를 줄였다. 계산상 1제곱미터를 줄이면 실제 입체(벽, 천장)로는 6제곱미터의 청소 면적이 주는 셈이다. 일단 현명한 생각이다. 집에서 밥해 먹을 일이 없으니 주방 크기도 줄였다. 계산상 1제곱미터의 면적을 줄이면 2.5세제곱미터의 공기가 주는 셈이다. 침실은 잠들면 어차피 의식불명의 공간이 되니 면적을 줄였다. 1제곱미터를 줄이면 그만큼 가꿀 일이 덜어질 것이다.

이렇게 하다 보니 '상당히' 작은 집이 되었다. 후회한다. 샤워할 때 팔을 못 뻗고, 변기에 앉았다가 일어날 때 앞이마를 찧고, 싱크대에서 몸을 돌리다가 그릇을 떨어트리고, 침대에서 일어나려다가 무릎이 까지는 집이 된 것이다.

'작은 것이 아름답다'고 하는데 빈곤한 자의 자의식일지 모른다. 작은 집은 성능이 떨어지고, 인간적이기 어렵고, 물자 비용은 줄어도 시간 비용은 마찬가지이다. 앞서 말한 쿠마 켄고의 '작은 미학'을 지나치게 받아들이면 안 된다.

이제는 그야말로 새 물건을 하나 사려면 헌 물건 하나를 버려야 한다.

40   공사 중에 **평면 확장**

통상적으로 설계자는 (심리적으로) 자기가 만드는 공간을 낙관적으로 본다. 작게 만들면서 '실제에서는 괜찮을 거야', 부족하게 그리면서 '어떻게든 되겠지'. 공간에 가구를 그려 보면 공간 스케일이 눈에 들어오는데 이때 가구를 무의식적으로 작게 그리고는 안심한다. 이 쓸데없는 낙관성을 설계 초기부터 경계하여야 한다.

    2020년 6월 20일, 먹줄로 집을 앉혀 보니 공간이 도면에서보다 훨씬 작다. 현재 기초와 바닥 콘크리트를 친 상태인데, 거실이라도 늘려야겠다는 생각이 든다. 시공을 맡은 <자인건축>의 조 사장 난색을 표하지만, 건물 맨 끝단에 있는 거실을 50센티미터 늘리기로 했다. 그래서 길이 6미터에 폭 0.5미터를 확장하니 3제곱미터(1평)가 늘었다. 그렇게라도 해 놓아 후회하지 않기를 바란다.
    안방의 작은 콘크리트 간벽은 모두 가구 벽으로 하여 3센티미터를 얻고, 별채의 여닫이 방문은 미닫이로 바꾸면서 심리적 공간감이라도 넓힌다.

41 모습

2020년 7월 3일, 입면이 만들어지기 시작하니 염려하던 머리 부분이 너무 무겁다. 지붕을 외단열로 하면 보와 파라펫의 높이를 좀 줄일 수 있었는데, 보 높이가 높아진 것이다.

평지붕에서 지붕 선은 파라펫이 만든다. 파라펫의 본체는 두껍다 하더라도 출입구 위 캐노피 등을 얇게 하여 다른 선을 만들 수도 있을 것이다. 그렇게 하면 어느 정도 무거운 수평면과 얇은 수평선이 구성적이게 되리라는 기대이다. 그러나 이게 방수 면의 문제 때문에 잘 안된단다. 하기야 그리해본들 무슨 큰 차이가 날까 싶기도 하다. 어차피 이 집에 형태는 없다.

그래도 집의 모습을 눈앞에 두고 좀 멋있게 보이려고 수사를 동원해 본다. 대지에 떠 있는 몇 개의 덩이들, 그것이 수평으로 나란하기에 어떤 계조階調처럼 보인다. c minor. 모두 소문자로 쓰고, 맑지만 단조롭고 토막이 분명하다. 거실은 중음이고, 테라스는 긴 쉼이며, 부엌은 저음이고, 현관은 짧은 쉼이며, 안방은 중저음이다. 음의 길이는 4:3:3:3.5로 미묘한 차이뿐이다. 높낮이는 없는데, 지붕 위 경사면이 수평으로 이들을 누르고 있기 때문이다.

지붕은 평 슬래브로 전체를 덮지만 부분적으로 경사면이 있다. 이는 천창天窓과 태양광 집열판을 위한 구조이기도 하다. 이 경사 슬래브의 각도가 45도인데,

콘크리트의 슬럼프 값[12]을 통상보다 되게 하여야 흘러내리지 않는다. 그래서 급경사 슬래브는 평 슬래브와 한꺼번에 시공할 수 없고 별도의 공정이 된다. 어차피 별개 공정이 되니 최진열도 이 부분은 간단한 철골로 하자고 제안했다. 나중에 철골이 목조로 바뀌었는데, 간소하지만 시공에서 철골 공정이 끼어드는 것이 불편하기 때문이다.

그러나 목공도 장마와 바쁜 목수들이 작업 일정을 잡지 못해 꽤 지연되었다. 장마는 6월 하순에 시작하여 8월 중순에 끝났다. 습도가 높은 저기압이 한반도에 걸린 채 북쪽의 한랭전선에 막혀 오도 가도 못하고 오래 비를 뿌렸다는 것이다.

여하튼 3개월 만에야 몸뚱이를 만드는 구조 공정이 마무리되었다.

---

12 물 배합의 연성(軟性), 얼마나 걸쭉하게 반죽하느냐의 정도 / 콘크리트의 반죽 질기(consistency)를 나타내는 값은 높이 30센티미터의 시험 콘에 콘크리트를 넣고, 콘을 위로 뽑아내면 콘크리트는 부드러움의 정도에 따라 자기 무게로 키가 내려간다. 이 정점의 하락하는 정도가 슬럼프인데, 배합이 질면 많이 주저앉고, 되면 덜 내려간다.

42 색_공, 色卽是空空卽是色

반야심경은 '두 가지 세계가 있는데, 하나는 물질적 세계이며, 다른 하나는 평등하고 차별이 없는 빈 세계이다. 그런데 이 두 세계는 별개가 아니다'라고 말한다. 우리 세상의 물질적 현상은 실체가 없고, 실체가 없기 때문에 바로 물질적 현상이 있는 것이란다. 자못 애매하여 현상학으로도 무한한 해석이 가능하지만, 잘못 들어서면 희론戲論이 되기도 한다. 색은 생멸하는 '이 세상'이고 공은 영원한 진리의 '저 세계'이다.

이원론二元論으로 색과 공, 이를 건축적으로 말하면 모양과 비움의 관계이다. 모양을 버리면 공간을 취할 수 있고, 공간을 버리면 모양이 남지만, 모양과 공간은 인과관계에 있다. 예를 들어 밤에는 비움으로 공의 상태였다가 낮에 모습으로 드러나며 색이 된다. 그러니까 모양과 공간은 하나이지만 현상적으로는 확정적인 상태가 아니다.

건축은 '거기에 있던 것을 기억하는 일이다'. 사진과 그림은 묘사가 끝나면서 기억도 정지하지만, 건축은 기억을 구동하여 간다. 누군가 들어가 사는 것이다. 음악은 연주하면서 깨어났다가 끝나면 숨을 죽이고 악보 속에 숨어 있다. 연극도 공연 때 깨어났다가 막이 내리면 대본 속으로 잠적한다. 건축은 공사가 끝나면 설계도는 서랍 밑으로 들어가지만, 몸이 구동하기 시작한다.

43 집의 키

집의 키를 낮출 수 있는 모든 수단(기단, 층고, 파라펫 등의 높이 최소화)을 강구하니 그야말로 땅에 포복하는 집이 되었다. 낮은 집은 땅과의 밀착도를 높게 하지만(높인다는 말이 이상하다), 옆-뒷집의 시선을 가급적 방해하지 않으려 한다. 낮은 포복으로 겨울바람도 피할 것이다.

외치지 마세요
바람만 재티처럼 날아가 버려요.

조용히
될수록 당신의 자리를
아래로 낮추세요.

그리고 기다려 보세요.
모여들 와도
······

_ 신동엽, 「좋은 언어」, 『이야기하는 쟁기꾼의 대지』, 교보문고, 2019

포복은 기어가는 것이니, 차라리 그것은 대지에 눕는 것이 마땅하다. 몸이 누우면 시간이 천천히 가고, 낮게 누울수록 밑으로 침잠해 간다. 땅의 내음이 짙어지고 미묘한 질감을 느낀다. 우뚝할 이유가 없는 땅에서의 삶이다.

2020년 8월 18일, 장마가 끝나고 비로소 경사 지붕 공사를 마쳐 일단 외곽 형태를 만들었다.

44 시간

집이 완공되어도 이사하자마자 전원적 삶을 누릴 것 같지는 않다. 건축이 '사람의 정신과 몸을 치유할 수 있는 수단이 된다'는 믿음이 있지만, 그것을 증명하려면 일 년쯤 살아 봐야 한다. 최소한 사계절이 걸릴 것이다. 시간이 하는 일, 날씨를 촉감으로 보는 일, 계절의 대지를 아는 일을 네 번 하고 나면 위의 명제를 증명해 낼지 모른다. 물리에서 시간은 오성悟性의 리듬이지만, 건축에서는 가슴이 박동하는 현상이어야 한다.

이 동네에는 20년을 산 사람도 있고 여기에서 태어난 사람도 있지만, 처음 이주한 사람도 많으니 이들을 섞으려면 시간이 필요할 것이다.

45 시간을 보는 일

전원에서 시간을 느끼는 방법은 시계를 버리고 풍광을 체화하는 것이다. 농부라면 일을 통해 해, 계절, 하루가 더 확실해지겠지만, 도시 피난자들은 그냥 부대껴 보는 것이다. 시선을 두리번거리지 말고 풀잎 그늘의 움직임을 응시하던지, 아침 바람의 촉감이 변하는 것을 느끼던지, 배가 고파지는 정도를 감각하는 것 같은 일이다.

시계를 보는 게 아니라, 시간을 볼 일이 많다. 아침의 서리가 죽어 가는 장면, 안개가 쓸고 간 뒤에 남기는 풍경, 마당을 쓰다듬고 가는 그림자, 하늘을 덮는 활엽수 잎의 패턴, 어둠에 잦아들면서 비로소 분명해지는 창의 존재감, 땅과 하늘의 경계를 지우는 밤의 소멸력. 그런 것들로부터 도시의 물상物象과 자연에서 이루는 현상現象의 차이를 알아볼 것이다.

밤이 되어도 깜박이지 않는 눈이 되어 서방西方을 응시할 것이다. 원래 사천왕四天王[13]이 있고, 그중 서방은 광목천왕廣目天王이 책임지는데, 눈이 크고 못 보는

---

13 동방 지국천왕(持國天王), 남방 증장천왕(增長天王), 서방 광목천왕(廣目天王), 북방 다문천왕(多聞天王)

아침 8시의 안채 욕실

것이 없다. 그의 역할은 그렇게 평화롭지 않아 못생긴 눈醜目, 나쁜 눈惡眼이라고도 하며, 죄가 있는 자에게 벌을 내려 고통이 뭔지 알게 한다. 양손에 용과 보주를 쥔 포즈에 눈이 3개로 묘사되는 경우도 있다. (잠시 쓸데없는 망상)

 시간은 눈으로 보는 것만이 아니다. 아침의 커피, 가끔 거름 냄새, 동네에 저녁 짓는 내음 등이 하루의 후각적 시간이다. 종달새가 솟는, 우박이 떨어지는, 낙엽이 뒹구는, 눈이 쌓이는 소리의 계절을 들을 것이다. 그러면 시간은 얼마나 풍부해지는지.

46 하루를 본다

서울에서는 보이지 않던 하루가 여기에서는 보인다. 하루는 어둠 속에 닫혀 있다가 나온다. 『레미제라블Les miserables』14에 등장하는 파트롱 미네트Patron-Minette는 지하 사회에서 4인조 무리에게 주어진 이름이다. 파트롱 미네트는 '주인 아가씨'라 하며 아침을 상징한다. 이에 비해 '개와 늑대'는 저녁이다.

새벽은 어느새 와 있다. 그것은 아무도 모르게 벌어진 어떤 사건을 뒤로 감추고 온다. 유령이 사라지고 도적이 흩어지는 때이다.

그들의 작업이 끝난 시간, 새벽은 유령과 악당들이 분리하며 사라지는 순간이다.
_ 레미제라블, 파트롱 미네트(Patron-Minette)

야수들의 골짜기 피비린내 나는 아침,
주체할 수 없이 아름다운 푸른빛이
밀림을 비집고 땅에 내린다.

저녁은 낮게 온다. 프랑스 속담에서 개와 늑대 사이 푸른 시간l'heure bleue이 해질 녘 박명의 은유이다.

> 사위에 어둠이 깔린다. 저 멀리서 달려오는 아스라한 동물의 모습이 개인지 늑대인지 가물가물하다. 사물의 판단이 모호해지는 때. 인디언들은 이 시간을 '개와 늑대 사이의 시간'이라 불렀다.
> _ 개와 늑대 사이의 시간(L'heure entre Chien et Loup)

『이방인L'Étranger』15에서 뫼르소는 한낮의 태양이 너무 눈부신 이유로 살인을 하고 재판에 회부된다. 그가 모순과 편견과 기만을 어쩌지 못하고 사형을 받아들이는 이야기이다.

낮은 낮잠의 시간이다. 일보다는 노동과 노동 사이를 중요하게 여긴다. 한낮의 적요이다. 밤은 죽은 자들의 시간이니까 방해하지 않는 것이 좋다. 그것은 이천에서만이 아니라, 세상 모두에서, 태양도 달도 비치지 않는 섬으로 일컬어지는 저승과 이승이 합치는 시간이기 때문이다.

---

14 빅토르 위고(Victor Hugo), 1862
15 알베르 카뮈 (Albert Camus), 1942

47   동네 사람

이웃의 <51-7>은 이 동네의 1호 집으로 2녀 1남의 가족이다. 자녀는 청소년인데 도시의 아파트가 싫고 (교통이 불편해도) 여기가 좋단다. <51>에는 국민대학교 건축과 출신 김해륜의 어머니가 사신다. 건축사인 아들에 대해 프라이드가 대단하지만, 자손에게 폐가 되지 않으려고 혼자 사신다. <51-5>, <51-2>는 내년에 새 집을 짓고 들어오는데 건설 관계자라 한다. 그러고 보면 모르지만 또 다 아는 사람들이다.

    집이 새 사람들을 만나게 한다. 이천 <성삼마을>에는 박용식이라는 분이 계시는데, 이 집을 짓기 전 동생 박경숙의 소개를 받아 인사를 나누었다. 여러 가지 조언을 받고 아이디어를 얻었다. 벽난로 아래에서 지하실이 어떻게 유용한지, 보일러실의 온기를 온실로 전하는 방식과 텃밭의 수확, 환경적 이득 등이다. <51-6>에서 대부분(지하실, 벽난로 등)은 포기하여 실효하지는 못했지만 관심부터가 고마웠다.

    이분이 저녁 산책 때에 <51-6> 앞을 지나가는 모양인데, 사진을 찍어 손전화 메시지로 보내신다. 사진을 보면 그날 공정을 확인할 수 있다. 또한 이분이 몇 시에 집 앞을 지나갔는지 알아보겠다. 남서향 집에서 각과 면이 빛으로 시간을 말한다. 아마 오후 4~5시쯤에 지나가시나 보다. 그러니까 이 집이 시계이며 달력이다.

48 깊은 마당

우리나라의 마당은 여러 가지 뜻을 함의한다. 공간은 오픈 스페이스면서도 위요하는 주변(건물)과의 관계에 따라 열리는 마음이 다르다. 테라스는 보통 거실 앞에 설치하는 준準외부 공간이며, 중정, 파티오, 코트 등으로 쓰임새와 형식이 다채롭다. 거기에 툇마루, 평상 등이 있어 기능을 보조하거나 공간의 핵을 이룬다.

유럽에서 파티오patio는 주로 집 뒤에 만든다. 테라스terrace는 방의 앞에서 외부로 연장되는 곳이다. 베란다veranda는 바닥과 지붕은 있지만 벽이 터진 노대와 같이 좀 더 확장된 공간이다. 아트리움atrium은 원래 성당의 앞뜰이나 대저택의 안마당으로 만들어졌다. 그것은 심장의 심방心房이라는 뜻도 있으니 그 공간적 위상을 알겠다. 발코니balcony는 2층 이상에서 공중에 떠 돌출한 곳이어서 땅에 만드는 것과는 다르다.

모두 내부-외부 사이에서 다채롭게 말해지는 건축 언어이다. 이들 준외부 공간은 미묘한 감성을 담지만 또한 환경 성능이 다르다. 그래서 실내에서 바깥으로 바뀌는 중간 영역, 이런 –류를 전이轉移 공간이라 한다. 이 전이성transition이 안-밖 사이에 개입하여 전환을 부드럽게 한다. 안에서 밖으로 또는 그 반대로 움직일 때 생기는 지각적 충돌을 중화시키는 것이다. 밖의 무차별한 무더위와 실내의 차가움, 무턱대고 밝은 밖과 어두운 안의 차이를 무마시킨다.

이러한 공간에는 중간 영역, 전이 공간, 준공간, 반공간 등 어휘가 풍부하다.
뻐꾸기나 부엉이가 우는 소리는 사진에 찍히지 않는다.

보통 거실 앞에 두는 테라스는 남향이기 마련이다. 즉 여름에는 땡볕 아래 있기에 편안한 거처가 되기 어렵다. 그렇다면 테라스는 북향으로 돌아앉아야 한다. 그러나 집 뒤에 공간적 여유가 있기 어렵다. 더욱이 그쪽으로 경관 요소가 없다면 단순히 쓰기 위해 테라스를 만들기는 쉽지 않다.

그래서 <51-6>에서 타협한 것이 거실과 주방 사이에 한 칸을 비우는 것이다. 넓이가 3평 정도 되니까 넉넉한 치수는 아니다. 좀 더 공간 규모에 투자할 걸 그랬다는 후회가 공사 중에 뒤통수를 때린다. 벽난로는 중정에 두는 게 나을 것 같고, 바비큐를 할 수 있어 식당도 되며, 그물 침대를 걸면 낮잠을 잘 수 있지만, 좁아서 포기한 기능들이다. 대신 작은 야외 음악실이 될 것이다.

두 방 사이에 비워둔 테라스는 마당을 건너 원경을 보는 눈이다. 이 눈은 (별채로) 왼쪽 눈을 가리고, 오른쪽 눈만 뜬 모양이다. 사격에서 한쪽 눈을 감아야 과녁이 보이는 것처럼 한 눈을 감았다. 이 뷰파인더에는 절묘한 산이나 도도한 강의 풍경이 있는 것은 아니다. 다만 투명한 공기가 보이고 거친 땅이 보인다.

밤이면 새로 들을 음악이 많다. 달빛이 비치는 테라스Claude-Achille Debussy, 전주곡 제2권 La Terrasse des Audiences du Clair de Lune, 스페인 정원의 밤Manuel de Falla, Noches en los Jardines de España 등을 다시 들을 것이다. 아마 아파트 골방에서 듣던 것이 얼마나 가짜였는지 알 것이다.

어차어피於此於彼 늙은 삶은 위축될 것이지만, 관조의 깊이를 마냥 확장한다. 어차피 연극적 삶도 아니고 디오니소스적일 것도 없다. 다만 흐트러지는 빗물 방울, 땅을 기어 오는 아침 안개, 낙엽 실은 바람을 마당 무대에 들일 것이다.

49 적요寂寥

고요는 낭만적이지만 가끔 공포의 상황이 되기도 한다. 영화에서 자주 그랬다. 새벽 사원(불교나 가톨릭이나)에서 정적은 선의 경지이고, 어머니가 화가 났을 때의 순간이며, 존 케이지John Cage는 무음의 소리가 보인다고 믿는다. 케이지의 「4분 33초」(1952)라는 음악은 3악장이지만 악보에는 타셋tacet 표시밖에 없다. 타셋은 '소리 없이 휴지하라'는 표시이다. 다만 4'33"는 악장을 구분하기 위해 33초, 2분 40초, 1분 20초마다 피아노 뚜껑을 여닫으라는 지시를 적었다. 과연 '정적은 무음인가' 하는 의심은 연주회에서 깨진다. 아무것도 하지 않는 연주에 집중할수록 여러 가지 소리가 들리며 우리의 선입감을 웃게 한다. 관객의 꿈지럭거리는 소리는 물론, 빛조차 소리로 들린다.

도시에서 누릴 수 없던 적요의 감정이 시골에는 넓고 깊다. 나도 이제 적막향유寂寞享有의 계층이 될 게다. 사실 끔찍한 적막은 도시에 더 많다. 여의도 증권가의 주말 밤거리, 지하철 막차 즈음의 플랫폼, 관중석이 텅 빈 야구장, 경륜장 벨로드롬을 정적으로 달리는 사이클 바퀴, 공업단지의 일요일 저녁 등은 이상異相하게 조용하다.

전원에서 정적의 기회는 자주 있지만, 모두가 완벽한 것은 아니다. 바람이 방해하고 밤비가 흐트러뜨리고 나방의 날갯짓이 훼방을 놓기 때문이다. 풀벌레 소리에 잠을 깨고, 부엉이 소리에 해가 지는 것을 안다. 그 불완전한 적막은 자연과 나와의 독대에서 온다.

그런데 조용함은 소리만이 아니라 빛의 세계에도 있다. 어둡기에 잠잠해진다. 어둠 속으로 침잠하는 소리는 그 역시 완벽하지 않다. 빈집에서도 마치 탄식하는 듯 소리가 난다. 그 땅에 살던 귀신일 수도 있고, 귀뚜라미도 있겠지만, 사실은 대부분 거주자가 내는 소리이다.

좀 더 지독한 소음도 어둠 속에 있다. 한밤중에 길에 나와 보면 온갖 소리가 많다. 짝을 찾는지 개구리의 합창은 천지를 울린다. 어느 농가에서 돌아가는 모터는 톱날 가는 소리를 낸다. 심지어 개를 때려잡는 소리도 들린다.

여하튼 조용하면 침착하고 차분해야 정적을 본다. 정적靜寂은 고요하여 괴괴함이며, 적막寂寞하면 쓸쓸하다. 고요함寂과 쓸쓸함寞은 같다. 소리도 없이 오는 밤은 정경靜境, 조용한 경지 또는 장소이다. 절집의 묵언 수행이나 수도원 수사의 아침 기도도 정경이다. 그러니까 침묵은 단지 말 없는 게 아니라 안으로 자기를 꾹꾹 눌러 담는 것이다. 적요寂寥도 고요함과 쓸쓸함을 같이 엮은 단어이다. 블루는 슬픈데, 정적이 푸른색이다. 정靜은 푸른靑 빛이 다투는爭 모습으로 쓴다. 우리나라 사람들이 구사하는 언어에서 '정적'의 수사가 이렇게 다양한지 몰랐다.

50   벽돌 옷

모든 물질은 건축이 되고 싶어 한다. 콘크리트 또는 목재 또는 벽돌 등이 몸(집)을 만든다. 몸이 만들어지면 옷을 입혀야 한다. 전체적으로 수평적 비례로 잡힌 몸체에 수평적 패턴을 입히면 좋겠다. 수평적 몸이란 아래에서부터 기초 보 - 벽면과 창호 - 지붕 보와 옥상 파라펫의 3부로 구성된 모습이다.

처음에는 '하얀 집'을 짓기로 하면서 외장재를 PF보드페놀폼, phenolic-form board로 정했다. 보온재가 포함된 이 패널형 재료는 시공이 쉽고 재료와 공임 가격이 비교적 낮다. 앞서 설계한 <여주미술관>에서도 써 보았고, 요즈음 주택에서도 흔히 본다. 최종 마감은 질석과 도장이니 색감을 마음대로 낼 수 있다. 그런데 최진열은 자꾸 꺼린다. 내구성이 보장되지 않고 너무 가볍다는 것이다. 조금 더 자재 시장을 살피니 흰 벽돌이 눈에 들어왔다. 수입재이지만 표면 질감이 좋다. 벽돌 두께가 75밀리미터이니 단열재 75밀리미터를 두어도 콘크리트 벽 밖에서 150밀리미터로 외장이 해결된다.

비용이 조금 부담스러우나 주택 규모가 작으니 해 볼 만하다. 스페인산으로 <모라MORA 시리즈, 블랑코>를 선택했다. 가장 미백에 가까우며 외측 치수가 다소 수평으로 긴 비례이다. 일반 벽돌의 치수가 w210 × d100 × h60밀리미터로 1:2인 것에 비해, 모라 시리즈는 w230 × d70 × h72밀리미터의 1:3.3이다. 그러니까

모라 블랑코, 스페인산으로 벽돌 단위 규격은 230×70×72이다. 일반 벽돌과 달리 세로 줄눈이 벽돌면 중앙에 오지 않는다.

긴 면의 줄눈이 벽돌 중심에 떨어지지 않고 한쪽으로 치우친다. 그것은 문제 될 것은 없다.

흰 벽돌에 백색 줄눈이 마감되면 1/ 기단부 콘크리트 - 2/ 벽돌 면 - 3/ PF보드(주로 파라펫)로 세 가지 톤의 질료가 되지만, 모두 무채색 모노톤이다. 백색이 지배적이지만 줄눈이 여린 질감을 만들고, 창과 문의 허체虛體 부분과 대비를 이룰 것이다.

조적 공사는 이기원 팀이 해주었는데, 꽤 꼼꼼한 손을 가지고 있다. 손아귀에 들어오는 벽돌을 공작하는 일은 손의 감각이 중요하다. 그러나 다 해 놓고 보니, 전체 벽면 중에서 어느 부분은 정치하고 어느 부분은 엉성한 것이 눈에 띈다. 그러니까 아직 지방의 기술은 공작자에 따라 고르지 않다는 것이다.

51 그러나 **하얀 집**

검정은 모든 색을 다 받은 상태이고, 백색은 모든 색을 배제한 상태이다. 그러나 디자인은 그다음에 더 활발하게 이루어진다. 볼륨은 그늘과 그림자陰影, shade and shadow를 그리는 이른바 현상학적 물상을 이룬다. 흰 벽은 그림자를 받고, 노을의 색조로 물들고, 흰 눈을 또 흰색으로 받는 것이다.

<51-6>은 안과 밖이 모두 하얗다. 그것은 사는 사람이 색맹이어서만이 아니라, 자연에 대한 경외의 뜻이다. 무채색의 힘은 어떤 현란한 색채와 비교해도 월등하다. 유채색은 다른 것을 받지 않고 자기뿐이지만, 흰색은 모든 색을 받아들이기 때문이다. 백색은 모든 색소의 탈색이면서, 모든 색소의 수용인 흑색과는 무채색의 끝과 끝을 이룬다.

흰색은 복잡하고도 미묘한 감정을 갖는다. 아무 생각이 없는 무위無爲이거나, 색의 탈피로 만드는 해탈解脫이거나, 모든 색을 받아들인 수용受容의 태세이다. 죽음의 상징색은 검정과 하양의 이원 구조로 이루어진다. 혼백魂魄에서 혼은 마음의 넋이고 백은 몸의 넋인데, 혼은 구름云을 앞에 두고 백은 백색白을 앞에 둔 문자이다. 백조白鳥, 백로白鷺, 백학白鶴이 어쩌다가 무위로운 선택을 하였는지, 또는 용의주도한 색채학을 체득했는지 모르지만, 그들은 가장 뛰어난 패셔니스트이다.

조선의 백색은 물감을 쓸 수 없는 서민의 색채였다. 궁실의 색채와 구분하며,

양반의 색깔과 차별한다. 비단은 귀하고 염료는 비싸고 시간이 걸리니 일이 많은 백성은 할 수도 없다. 종이를 백지白紙로 만드는 것은 어떤 색도 칠하거나 그림을 그릴 수 있어야 하기 때문이다. 그래서 하양은 수월秀越, superior의 색이라는 것이다.

그러나 같은 하양이라도 바탕 질감이 미묘한 인상의 차이를 만든다. 철판에 도장한 백색과 질석 위에 뿌린 하얀 색이나 천이 갖는 하양은 모두 다르다. 보통 색과 빛의 인과성을 말하는 근거이다. 이 집에서는 벽돌이 부드러운 하얀 색이고, 질석 표면이 옅은 회색이고, 내부의 석고보드가 하얗고, 조명은 4,000켈빈k으로 희다.

2021년 1월 7일, 안채 / 백색은 색채의 문제가 아니라 빛의 상황이다. 색깔을 모두 덜고 나서야 빛을 상대할 태세가 된다.

52 조명 빛

조명 기구는 카탈로그를 가지고 있던 <명민라이팅>에 부탁했다. 이 업체는 다채로운 디자인의 조명 기기를 생산하지만, 그의 선형線形 기기로 일찍이 우리 집의 스타일을 결정하였다. 조명의 원칙은 모두 선형으로 하는데, 벽과 천장 사이, 벽과 벽 사이, 가구와 가구 사이에 직선으로 삽입하는 '슬레드' 형식으로 통일했다. 얇고 직선으로 곧은 모양인데, 아마 썰매Sladge 또는 sled를 연상하여 이름을 지었는지 모르지만, 슬레이즈로 발음하지 않는다. 여하튼 <51-6>에서는 집안에 직선의 빛이 이리저리 숨어있거나 떠다니는 장면이면 좋겠다.

기기의 연색성은 4,000켈빈과 6,000켈빈 중에서 선택이 망설여진다. 4,000켈빈은 천연의 빛보다 조금 따듯하고, 6,000켈빈은 태양광에 가깝지만 조금 차가운 기가 든다.

빛을 선명히 하기 위해 상황이 어두워야 한다는 모순에 있다. 더욱이 흰색 내부에서 흰색 조명이 선명하기를 바라는 게 맞는지 모르겠다. 전기 설계는 보편적으로 면과 점의 매입이나 첨부 등으로 하며, 조명 상점에서 파는 물건도 대부분 그러하다.

전기 시공은 <현대전기소방건설공사>의 정주연 이사가 맡았는데, 그에게도 이 조그마한 일을 맡겨 많이 미안하다. '소상공인'의 업태業態와 '공사'의 차이는 시행 중에 몇 번 계획을 바꾸고 나면 드러난다. 그는 시공 중 해결되지 않은 부분이 어떻게 되어야 하는지를 먼저 이해하고 해 놓는 사람이다. 전기는 기술적 이해가 먼저이지만, 문제 해결의 아이디어도 중요하다. 전등의 사후 관리를 위해 탈착이 가능하도록 자석으로 고정하는 일, 외등의 켜짐을 일몰 시간 타이머로 하는 일 등을 배웠다.

전기는 생활에서 조도와 연색성과 조명 기기의 디자인이 시각적으로 그냥 드러난다. 사실상 전기는 밤의 건축을 시각적으로 이루는 실제이다. <51-6>이 설계의 보편적 기준에 따르지 않으니, 전기 시공이 (가뜩이나 작은 일인데) 편할 리 없다. 그보다 문제는 계획을 바꾸면서도 조도나 눈부심에서 빛 환경이 적절할지 확신이 서지 않는다는 것이다.

선線 조명은 적정한 조도를 산출하기 위해 실험을 할 형편도 아니고, 실제를 볼 수 있는 사례도 없으니, 아마 만들어 놓고는 후회할지도 모른다. 기본적으로 시공을 해 놓고 스탠드 라이트와 보조 조명으로 보완할 것이다.

53 On-Off

외출했다가 돌아와 조명을 켜면 집이 화들짝 깨어난다. 마치 몰래 무엇을 하고 있다가 들킨 듯 놀란다. 그래서 스위치는 점등漸騰하거나 작은 불에서 큰 불의 순서로 켜져야 한다. 더 마땅한 것은 타이머로 점등點燈하던지 햇빛 센서로 미리 켜져 있는 조명이다. 게으른 사람을 위해서는 사람의 동작을 감지하여 켜지는 등도 괜찮다.

선사시대 동굴에서 횃불을 밝히든, 조선에서 초롱을 켜든, 집은 자신의 내부를 밝히는 일에 피동적이었다. 그런데 이제는 전자 기술로 집이 능동적으로 불을 켠다. 그래서 어떤 조명을 켜는가의 문제를 지나 어떻게 켜는가를 디자인해야 한다. 향후 건축은 어둡거나 흐림의 정도에 따라, 심지어 사람의 기분을 포착하고 지능을 동원하여 스스로 불을 밝힌다. 그러면 건축가는 감성 디자인과 인공지능으로 시스템을 디자인할 것이다. 물론 내 형편에서 지금 한다는 것은 아니다.

대신 밤이 무료할 때, 방에 앉아 전깃불을 모스 신호로 켰다 껐다 하면 이웃이 알아들을까.

눈물을 모두 소진하면 웃음이 나요 그것은 어떤 유리알일까요 눈물의 형식일까요 비상등을 켜는 순간이거나 화난 군중의 얼굴일지 모르겠어요

바닥에 서 있거나 매달려 있거나 상관없어요
스위치를 올리면 켜지고 내리면 꺼지는 간결한 약속

아이들의 주먹
......

_ 박세미, 「전구의 형식」, 『내가 나일 확률』, 문학동네, 2019

54   설비 기술

건축을 실행하는 분야는 너무나 많고, 특히 주택에서는 미묘한 상세까지 분화되어 있다. 토목, 건축, 목공, 실내, 가구, 구조, 설비, 전기, 통신, 조경 등이 전문화되어 있고 각자는 프라이드와 책임을 가지고 일을 한다. 여러 공정은 단독적으로 이어지는 것이 아니라, 겹치고 섞이며 진행된다. 그러니까 영역 간에 충돌도 생길 수 있고, 이해가 상충되기도 한다. 그래서 감독이 모두를 코디네이션 하지만, 요즈음 현장에서 놀라는 것은 (예전보다) 각 분야별로 일이 모두 토막이라는 것이다.

이번 일에서 그 여러 직능 중에 제일 친화적인 사람은 설비 분야의 이종석 사장이다. 그는 물, 공기, 온도의 환경을 만들어 주는 역할인데, 벌어지고 있는 일에 대해 적극적이며, 뭐라도 하나 더 해 주려고 하는 게 고맙다. 현대건축에서 신진대사新陳代謝, metabolism는 보편적인 개념이지만, 특히 주택에서는 생명 장치이다. 몸이라는 건물에 공간을 품고, 신경과 정보와 에너지의 공급과 소화를 내과적으로 이루는 것이 건축설비이다.

55 　　기계 설비

한국의 주택에서 설비는 바닥 난방, 위생 설비, 냉방 시스템으로 온열 환경을 위한 엔지니어링이다. 주방과 유틸리티는 생명 체계이다. 주방 설비는 옛날 부뚜막에서 가스레인지로 발달하더니 곧 인덕션과 전자 오븐으로 진화했다. 그 기계 비용은 100배쯤 불어났을 것이다.

　난방과 위생 설비는 보편적인 기준으로 설계되기에 하던 대로 하면 되지만, 냉방은 좀 예민하다. 천장에서 바람이 내려오는 것이 싫어 벽부 시스템을 원했지만, 설비는 천장 매입형을 권한다. 요즈음 기술로는 무풍 시스템으로 천장에서 내려오는 바람을 거의 느끼지 않는다고 한다. 스탠드형은 공간을 차지하고, 벽부형은 벽면의 시각적 장애를 만들 수 있으니 천장이면 좋겠다. 문제가 있다면 별채-안채로 공간이 나누어지니 실외기를 두 대 설치하여야 하고, 과연 무풍 시스템이 만드는 기류가 정말 얌전하냐의 문제이다. 자연에서 바람은 수평으로 불어오지만, 실내에서는 머리 위로 내리는 바람이 거북하다.

　주택 설비는 상수와 하수를 서비스한다. 상수도는 마시고, 씻고, 위생에 쓰는 생태의 원천 수단이다. '상'은 위인데 상수上水라고 하고 '하'는 아래인데 하수下水라고 차별한다. 통상 영어로, 쓰는 물은 waterworks 또는 water supply라 하고 버리는 물은 drainage 또는 sewerage라고 하듯이 위-아래가 없다. 상수는 깨끗한 정수기까지 달고 조금만 이상해도 관심을 받는데 하수는 어디 있는지도 모른다.

얼굴의 입은 온갖 화장을 다 받고 귀하지만, 아래의 구口는 드러내면 안 된다. 입으로 들어가는 음식은 호화를 누린다. 맛집을 찾아 방송도 열심이고, 초고급 음식은 값을 따지지 않는다. 이에 비해 몸 내부를 지나 출구로 나간 것은 추하고 피하고 싶고 빨리 버려야 한다. 한 몸에서 두 구口가 완벽한 차별이다. 정화조는 이를 묵묵히 다 받아 주지만, 땅에 묻혀 맨홀만 빼꼼히 내놓고 있다.

도시에서 하수는 생활하수와 빗물 하수로 이원화하는데, 빗물은 그냥 모아 하수로 버리지만, 생활하수는 정화를 하여 따로 보내야 한다. 농촌에서는 이 구분이 없는 경우가 많다. 그래서 생활하수를 철저히 정화하여 우수와 함께 버려야 한다. 그만큼 정화조는 중요한 기술이다. 이번 집 짓기에서는 이 지식이 충분하지 않아 계획 단계에서 엎치락뒤치락했다. 정화조는 지름 1.5미터, 길이 3미터의 볼륨이고 맨홀 3개가 지표에 나온다. 정화조에 공기를 공급하는 기폭기가 있어 전기가 공급되어야 한다. 문제는 이러한 기술적 데이터보다도 자연 생태를 망가트릴 소질을 조심할 일이다. 개수대와 음식물 쓰레기, 정화조의 건강한 관리 등이다. 현수미생물법Hanging Bio Contactor으로 BOD 유입 농도 210mg/l를 18mg/l로 낮추어 방류하여야 한다.

우리는 하수도 사용량을 상수도 사용만큼으로 계산한다. 그만큼 생태란 '들고' '나는' 것이 모두 중요하다. 상수도에 미세한 이물질이라도 들면 민감하게 반응하지만, 자기가 버리는 물은 알 바 없다. 들숨에서는 미세먼지에 민감하지만, 자기가 내쉬는 숨은 아무래도 상관없는 게 문제이다.

56 전원주택의 정의

요즈음 한국의 전원주택이라는 것이 애매하다. 이천에는 듬성듬성 박힌 전원주택이 있고 몇십 호씩 집단을 만든 소위 '전원주택단지'라는 것도 있다. 개발업자가 건물을 미리 지어 놓고 (대부분 개발업체의 통념대로 비슷한 포맷) 분양하는 단지도 전원주택이다. 심지어 중저층 아파트를 지어 놓고 전원의 삶을 판다고 한다. 모두 왜 거기에 나와 사는지 모호해 보인다. 단지 서울이나 도시의 조잡한 복잡성을 떠났다는 안도감인 모양이다. 어찌 보면 도시 도망자들의 집단 수용소, 게토getto이다.

생활을 지배할 절경이 있는 것도 아니고, 탁 트인 해방의 카타르시스가 있는 것도 아니다. 100여 평 정도의 획지로 개발한 집단은 그 모습이 마치 동네 건달에게 몰매 맞을까 봐 몰려다니는 소소한 집단 같다.

그 집이 전원주택인지 아닌지는 제비가 안다. 제비가 들면 전원주택이고, 주변의 텃새도 외면하면 그냥 주택이다. 내촌리에 제비가 오는 것 같지는 않은데, 동네 새들도 많이 보지는 못했다. 그러니까 새들에게 인정받기 위해서는 무엇을 할 수 있는지 살펴보아야 한다. 우선 새집을 건축하여 나무에 올려놓을 것이다.

빈 땅에 (엄격히 말하여 빈 땅이란 존재하지 않지만) 새로 집을 짓는다는 것은 현재現在를 지어 잠재潛在를 발효시켜 가는 것이다. 이를 바꾸어 말하면, 이미 있던 어떤 물질에 건축이라는 개념을 빚어 잠재에서 현재화를 일군다. 그러니까 <51-6>도 잠재된 가치들을 깨워 현재를 만들되, 얼마나 지속될지 모르지만, 지속적으로 공간과 사건을 익혀 가는 것이다. 자재상에서는 생경했던 재료들로 건축이라는 매트릭스를 이루어 자연에 내놓는다. 거기 땅과 하늘 사이에서 건축은 농숙해질 시간을 기다려야 할 것이다.

57 서울에 사는 게 이해되지 않는 이유

서울에 사는 게 이해되지 않는 (퇴임하고 나서 더 확실해지는) 이유가 여럿이다. 그중 하나가 교통이다. 건축 평론가 서현이 명철하게 말했다.

> 2019년 서울시 등록 자동차는 312만 대다. 그중 승용차가 267만 대다. 일상으로 접하는 그 승용차의 정체를 가정하자. 배기량 2,000시시cc의 현대 쏘나타라면 큰 무리는 없겠다. 이게 160마력짜리 마차다. 그렇다면 지금 서울시에 4억 3천만 마리의 말이 뛰어다니는 중이다. …… 그래서 시속 19.6킬로미터. 이건 서울시 중구의 평균 자동차 속도다. 스마트시티가 화두고 정보화에 미래가 있다는 세상이다. 과거형 자동점멸 신호시스템이 자동차 공회전을 부추기고 이산화탄소 발생을 높인다. 백 마리 말을 몰아도 여전히 마차 속도를 내는 도시라면……
>
> _ 서현, 「도시는 왜 이래」, 『중앙일보』, 2020.10.23.

나도 큰 차는 아니지만 그래도 말 200마리를 키우고 있는 셈이다.

정부는 자동차 생산을 말릴 생각이 없다. 경제성장의 상당한 부분이 자동차 산업에 걸려 있기 때문이다. 자동차의 공기 오염, 교통 정체의 시간 경제, 폐기물 폐해를 잘 알지만 목에 걸린 경제성장을 놓을 수가 없는 모양이다.

유럽에서는 2021년 이후 내연기관차를 살 수 없다. 유럽은 경유차를 2년 안에 모두 소모하여야 하는데, 한국 사람들이 유럽 차를 흠모한다. 일본도 디젤차의 생산을 중단했다. 우리 정부는 디젤도 좋고 휘발유도 좋다. 수소차도 좋지만 거기에 운명을 거는 것 같지 않다. 차가 도시 공간에 미어터져도 참을 일이다. 도로는 임계에 도달했지만, 여분이 있다면 택지가 더 급하다. 도로 용지가 고갈되니 지하 차도를 만들면 된다는 발상은 여전히 밀도 경제의 우매愚昧이다.

서울이 밀도를 감당하지 못하자 그 주변을 위성도시가 포위하여 서울은 도넛 모양이 되었다. 이제 이 도시 내의 교통보다도 두께를 뚫고 드나드는 것이 더 문제이다. 서울을 벗어나는 데 시속 15킬로미터로 1시간 이상 걸린다. 대중교통 시스템을 권하지만 그보다 훨씬 발 빠른 게 개발 자본의 힘이다.

그러니까 왜 서울에 살고 있는지 이해가 안 된다는 것이다.

58 서울에 살 수 없는 이유

서울에 살 수 없는 (퇴임하고 나서) 이유의 으뜸은 주택의 경제이다. 현재의 자산으로는 아파트먼트를 벗어날 수 없는데, 이 닭장이 싫다면 선택은 지방에 가서 집을 짓는 일뿐이다.

서울에 살아야 할 이유가 흐릿해지고 난 뒤, 왜 아파트 밀도에 끼여 생존하며, 모두 같은 평면의 한 칸을 얻어 위층의 소음을 내리받이로 듣고 사는가의 문제이다. 물론 통합된 시스템에서 대단위 커뮤니티의 이점, 공유하는 환경의 넉넉함이 있지만, 사육의 밀도가 징그럽다. 한국의 부동산 경제에서는 점점 더 새 공간을 찾는 것이 불가능해진다.

그래서 일찍이 서울을 버린다.

59　전원주택이 못하는 것

이중환의 『택리지』는 지리, 산수, 생리와 함께 인심을 말한다. 이중환은 공자의 말을 빌려 '마을 풍속이 어질어야 아름답다. 어진 마을을 가져서 살지 않으면 어찌 지혜롭다 하겠는가.'

평안도나 경상도는 인심이 순박하고 후박하고 질박하고 진실하지만, 사나운 함경도와 모진 황해도와는 구분한다. 강원도는 어수룩하고, 전라도는 교활 음험하다. 경기도는 백성이 쇠약하고 피폐하다. 대략 이렇다 하지만 그것은 백성의 세계이고, 사대부의 인심은 따로 있다. 이중환에게도 서울 중심의 편견은 어쩔 수 없는 모양이다.

그러나저러나 전원 마을에는 인심이 없다.

지방에 내려왔지만 어중간한 이사 거리로 전원이랄 것도 없는 곳에 왔다. 먼저도 말했지만, 서울을 떠난다는 의지가 미약하고, 꿈에도 그리는 임금이 중앙에 있는지, 적당히 타협한 거처이다. 이러한 반쯤만 전원주택이라는 동네에서는 커뮤니티 의식이 없다. 희박한 인구 탓도 있지만, 이웃에 있는 동네처럼 인구가 다 차도 이웃 간 소통이 있는 것 같지 않다. 그래서 이웃 관계는 소원하고, 도시적 편의는 부족한 어정쩡한 삶이다. 그러니까 대부분 시간이 개인적일 수밖에 없는 생활로 더 외톨이가 될 것 같다. 반상회가 있을 것 같지 않고, 새마을 총화 교육은 없어진 지 오래다. 노인정을 지어줄 것 같지도 않고, 우연의 조우도 잘 생기지 않는다.

그래도 강원도식으로 심심한 막국수집이나 어리굴젓을 곁들인 돈가스 집을 알아 두었다. 마트에 고급의 외국산 식자재는 없지만, 인근에서 동남아 식품점을 여럿 보아 두었다. 그러면서 서울식 식단은 점차 잊혀 갈 것이다.

60   조원造苑 Ⅰ

양수리 같은 한강의 풍광, 설악산 같은 돌의 물질 경관, 제주도의 곶자왈 같은 풍토는 아니다. 이천은 절경絶景이 있는 고장도 아니고, 풍광이 절묘할 소질도 아니다. 그러니 볼거리가 필요하다면 스스로 만들어야 한다. 마당을 아름답게 숙성시켜야 하는데 건물로 쓰고 남은 땅이 그렇게 크지 않다. 조원은 시간이 필요한데 몇 년이나 이 집에 살지는 모른다. 그러니까 소소한 즐거움부터라도 만들어 가야 한다.

풍광은 시각적인 것만이 아닐 것으로 믿는다. 아침에도 새로 들을 음악이 많다. 종달새는 날아오르고 Ralph Vaughan Williams, The Lark Ascending, 새 타령남도잡가, 가을비전경애 시, 이재석 곡 등도 아파트 골방에서 듣는 것과 다를 것이다. 그래도 언젠가 나도, 새는 메뚜기 잡으려고 날고, 숫 종달새는 암놈 따라 날아올랐는데, 그것을 가지고 예술이라 하는 게 이해가 안 될 때가 있을 것이다. 그래야 지방인이다.

61   집 이름, 쑥을 태우는 집

옛날에는 집을 지으면 택호宅號를 지었다. 보통 영월집, 부산댁 등 지역 이름을 차용하거나, 현감댁, 서기집 등 권세를 내세우기도 하고, 주인의 삶의 개념이 상징되기도 한다. 양진당養眞堂이니 석복헌錫福軒이니 하듯이 집의 이름은 삶의 뜻이다. 우선 집이라는 말은 재齋, 헌軒, 당堂으로 여러 격이 있고, 건축 타입으로는 루樓, 각閣, 정亭 등이 있겠다. 물론 궁전이나 사찰의 전殿이나 각閣의 급이 있지만, 우리는 따라 하지 못한다. 대신 겸손하려면 우寓, 소巢 등을 가질 수도 있다.

이 집은 '쑥을 태우는 집'이라 했다. 한자로 하자면 번燔 흔焮 교烄 훈薰과 애艾 봉蓬 라蘿를 가지고 할 수도 있지만, 그냥 한글로 쓰는 게 좋겠다. 쑥은 매우 다양한 물상과 개념과 상징을 가지고 있다. 우선 정화의 뜻으로 태우는 일과 쑥의 효용이 그러하다. 태우는 것, 비추거나 말리거나 사르는 것은 제사祭祀의 행위이다. 그러니까 번燔은 단지 태우는 일이 아니라 제의 같은 느낌이다. 쑥을 태우면 연기가 난다. 연기는 하늘로 날아올라 가니 하늘에 뭔가를 고하는 일이다. 그럴듯하다.

쑥은 한국 사람에게 익숙한 약초이거나 생태 식물이지만 요즈음은 흐릿해졌다. 조선에서는 일곱 가지 보물七寶로 선비의 상징인 화첩과 책, 여전히 부의 상징

쑥 애(艾)

인 동전, 무소뿔로 만든 서각犀角, 특경特磬이라는 특별한 악기, 거울, 보자기의 네 귀나 끈에 다는 금종이로 만든 방승方勝 그리고 쑥 잎艾葉을 꼽았다.

　상징적 수사를 벗어버리고도 집에서 쑥을 태우는 일은 여러 가지 기능적 이유가 있다. 우선 모기와 벌레를 쫓는다. 도시 사람이 시골에 와서 제일 당황스러운 일이 벌레들과의 전쟁이다. 두 번째는 나쁜 기운을 멀리하는 방법이다. 나쁜 기운은 원천적으로 풍수가 이루지만, 가까운 디테일은 쑥을 태우는 일이다.

62   쑥艾

'쑥'으로 시작하는 단어는 누가 세어 봤는데16 177개이며, '쑥'으로 끝나는 단어는 142개란다. 그러니까 쑥은 한국민의 심성에서 보편적 자리를 차지하고 있는 모양이다. 국화과 풀로서 쑥의 의미는 대부분 긍정적이며 생활 친화적이다.

우리 생활에서 쑥의 식물학적 범주는 다음처럼 다채롭다. 사투리는 빼고 별칭을 제외해도 그렇다.

가는잎쑥 / 개똥쑥 / 개사철쑥 / 다북쑥 / 개제비쑥 / 건쑥 / 구와쑥 / 그늘쑥 / 금떡쑥 / 금쑥 / 넓은외잎쑥 / 들떡쑥 / 떡쑥 / 뜸쑥 / 말근대쑥 / 모기쑥 / 물쑥 / 부수쑥 / 비단쑥 / 비쑥 / 뺑쑥 / 사자발쑥 / 사재발쑥 / 사철산쑥 / 사철쑥 / 산떡쑥 / 산쑥 / 산흰쑥 / 샤쑥 / 섬쑥 / 시나쑥 / 실제비쑥 / 왜떡쑥 / 외잎쑥 / 인진쑥 / 자불쑥 / 진쑥 / 참쑥 / 청쑥 / 큰꽃사철쑥 / 털산쑥 / 햇쑥 / 화태떡쑥 / 황해쑥 / 흰산쑥 / 흰쑥

한방에서는 애엽艾葉이라 하며 약쑥이라 한다. 애엽은 황해쑥과 그 계통의 익쑥과 참쑥을 말하고 청호菁蒿는 개사철쑥을, 황화호黃化蒿는 개똥쑥을, 인진호茵蔯蒿는 사철쑥을 말한다.17 그러나 그 한의학적 성질은 비슷한가 보다. 쑥 애艾는 벤

다는 상형 글자 예乂를 가져 질병을 벤다는 뜻으로 보인다.

쑥은 뜸의 주요 재료로써 구초灸草라고도 한다. 쑥약은 신고온소독辛苦溫小毒으로, 맵고 쓴 특이한 방향이 있고 따듯한 성질이지만 독이 약간 있다. 기혈氣血을 조절하고 한습寒濕을 제거하며 경락經絡을 따뜻하게 하고 지혈止血하며 태胎를 안정시키는 효능을 가진 약재로 거의 만병통치의 효능으로 말하여진다. 즉 항균, 이질, 부스럼, 습진과 피부 가려움증, 옴, 치질, 요통腰痛, 복통, 위장병, 여성의 생리통, 생리불순, 대하帶下, 안태安胎, 산후통産後痛, 고혈압, 풍습風濕, 산한散寒, 제습除濕, 지혈, 지통止痛, 진해·거담, 토혈吐血, 황달黃疸 등에 좋다고 한다.

'쑥'자가 들어가는 말은 너무 많지만 아주 미묘한 감각까지 언어화하고 있다. 예를 들어 '담쑥'은 손에 탐스럽게 쥐거나 안기는 모양이다. '쑥' 올라온다는 게 그 '쑥'인지 모르겠지만, 단지 물상만은 아닌 형용이다. 얼음을 깎아 돋보기를 만들어 햇빛을 모아 말린 쑥에 쪼이면 불씨를 만들 수 있다.

반면에 부정적인 의미로 어리석은 쑥맥, 쑥대머리 등이 있다. 쑥구렝, 쑥밭의 구렁이라는 뜻은 뱀이 대개 영묘하지만 그중에 대단치 않은 뱀이 있는 모양이다. '쑥구렝이 꿩 잡아먹는다'란 못난 구렁이도 꿩을 잡을 수 있다는 뜻이란다.

쑥은 흔히 떡을 해 먹고 쌈 채소로도 먹고 뜸이나 한약재로 쓰였다. 쑥개떡, 쑥경단, 쑥국이 맛있다. 건축에서는 쑥돌로 친숙한데, 화강암 중에서도 단단하고 검푸른 점이 많아 그리 부르는 모양이다.

16 wordrow.kr
17 초원한방플러스

63   2020년 10월 4일, **공기**工期**에 관하여**

6월에 착공하여 10월이니 4개월 동안 공사를 한 셈인데, 이제야 골격이 드러난다. 낳아 놓은 새끼가 큰 불구는 아닌지, 생각하던 모습인지를 이제야 알아보지만, 몸 안의 신진대사 성능은 아직 모른다.

   대단히 지척거리는 공정 같은데, 아마 기다리며 시간을 보면 더 늦는 것 같은 기분일 게다. 유난히 긴 장마를 지내고, 추석 연휴를 닷새 쉬니 그렇기도 하다. 워낙 지방地方의 시공은 공정표가 없는 게 문제인 것 같다. 마치 해 봐야 하는지 안다.

   공사비는 전체 중 70퍼센트가 나갔는데, 공사는 반 정도 진척되었다. 11월에 이사를 올 수 있는지 초조해지기 시작한다. 공사 관리가 적확하지 않은 탓도 있다. 예를 들어 외장 벽돌을 쌓다가 물량이 모자라 중단되었다. 새로 현장에서 소요량을 계산하고 주문하는데 사흘 더 걸리는 일 같은 것이다. 인력난인지 기능공을 제때 수급하지 못하는 것 같고, 공정의 연계도 잘 안 되는 것 같다. 대형 공사에서는 시간이 금이겠지만, 시공사가 경영하는 현장이 여럿이니, 낱낱이 시간이 비용으로 계산되지 않는다.

   만약 11월 말이라도 입주할 수 있다면 겨울 생활로 새집 살림을 시작할 것이다. 그러니까 전원주택 정도의 규모라면 늦어도 2월에는 터파기를 시작하여야 10개월 공정으로 마칠 수 있다.

64 우물 파기

이 조그만 집에서 꼭 우물이 필요한지는 확신이 없지만, 정원이나 허드렛물을 위해서는 필요할 것 같다. 사실상 관정 공사비도 상당히 저렴해졌다. 그런데 그게 전문 업체만이 할 수 있으며 당국에 신고-허가를 받아야 하고 계량기를 달아야 한다니까, 마냥 땅 밑의 물이라도 마음대로 하는 것은 아닌 모양이다. 가정용, 농업용, 공업용 등으로 구분하는데, 지름 40밀리미터 이하에 1일 양수 1,000세제곱미터의 관정은 가정용이다.

2020년 10월 6일, <이천지하수> 최주배 사장과 만나 우물을 파기로 하고 마당 가운데에 희망하는 위치를 전했다. 중장비를 다루는 분들은 목소리가 걸걸하다. 소싯적부터 장비의 쇳소리와 굉음을 이기려고 소리를 질러 그런가 보다. 보통 관정 공사는 그 불확정적 상황 때문에 일단은 부정으로 말해 놓고 보는데, 최주배 사장은 항시 긍정적이다. 이천 토박이의 안목인 것 같다. 거친 그의 손이 건네주는 명함은 의외로 세련되고 굵직한 디자인이 인상적이다. 그의 딸이 디자인해 준 것을 자랑스러워한다.

2020년 10월 11일, 관정에 성공했다. <이천지하수> 사장은 이미 땅 밑을 잘 보고 있듯이 낙관하지만, 나는 나오면 좋고 안 나오면 여러 군데 더 파 볼 생각이었다. 다행히 지구가 품고 있던 엄청난 물에서 몇 방울을 바로 내준 것이다.

65 관정 筦井

만약 마당 한가운데 우물을 팔 수 있다면 그 주위로 작은 장소가 생길 것이다.

지하 관정에 양수 펌프를 달고 부속기를 설치한 다음 콘크리트 흄관으로 공간을 만들었다. 지상에 노출되는 흄관은 1.1미터 외경인데, 만들어 놓고 보니 너무 크다. 그런데 이것이 규격이란다. 우리나라는 규격의 나라이다.

드럼통으로 하면 직경 60센티미터 정도로, 높이를 66센티미터 잘라 엎어 놓으면 (막고깃집 같은) 테이블이 된다. 그 몸통에 용접기로 구멍을 내어 별자리를 만들 것이다. 이 별자리는 밤에 빛나는데, 안에 전구를 켜서 우물 수도가 어는 것을 방지하는 기능을 포함한다. 고물이라도 무쇠 '뽐뿌'를 구해 볼 것인데, 수도꼭지는 물이 나온다는 기호로 너무 약해 보이고, 주물 펌프가 그럴듯할 것 같다.

직경 110센티미터 흄관으로 공간을 만든다. 펌프, 계량기, 수도꼭지를 달아 관정을 단순하게 구성한다.

66 조경

주택은 우리가 자기답게 살기 위한 수단이다. 특히 조경은 상당한 만큼 자기 스스로 할 수 있다. 대형 단지에서 공공이 만들어 주는 조경은 관조 이상 뭘 할 수가 없다. 함부로 만져도 안 되고, 움직이는 것은 더군다나 할 수 없고, 가꾼다는 것은 절대로 안 된다. 그래서 개인의 조원造苑은 우리가 인간답게 살기 위한 진정한 수단이라는 것이다. 좀 더 적극적으로 생각하면, 원예는 치유의 수단이 될 수 있다. (물론 시간이 걸릴 일이지만) 되도록 규모가 있으면 좋겠다. 그래야 치유의 수단이 넓어진다.

이번 건축에서도 가장 감성적으로 대화하던 일이 조경이었다. 박용대Garden&Farm 대표와 만나며 희망하는 것을 상담했다.

관목灌木은 낮은 경계를 만든다. 관목으로는 화살나무와 사철나무이다. 거기에 봄 여름 가을의 꽃나무花木가 조금씩 끼어들면 좋겠다. 특히 산수유는 '이천의 꽃'이다. 집 가까이 심는 교목喬木은 꽃가루가 없고 열매가 열리지 않는 활엽수여야 한다. 조경가는 느티나무와 단풍나무가 좋겠다고 한다.

사실 전통적으로 집 앞에는 큰 나무를 심지 않는 게 원칙이다. 무슨 상징성의 문제가 아니라, 실제로 나무가 집에 위해危害를 가하는 이유인 모양이다. 여기에서는 차일遮日과 같은 성능이 더 중요하다. 집 앞에 심는 활엽수(교목)는 여름에 풍성한 잎으로 그늘을 만들고, 겨울에는 그늘을 거두고 빛을 들이는 게 차일과 같다. 그보다 나무가 할 더 중요한 임무는 하얀 벽에 그림자 그림을 그리는 일이다. 그 그림은 매시간 매일 매월 매년 다시 그린다.

조경은 잔디 깔고 나무 심는 일보다 마당을 심리적으로 안정시키는 일이다. 울타리가 이루는 조경은 전체적인 대지를 수평선으로 정리하며 그 안에 건물을 두어 하부 시선과 상부 시선을 구분하게 할 것이다. 그러면 건너편 조경회사의 풍경을 공짜로 차경借景하여 수평 위에 얹게 할 것이다.

조경은 꾸미는 것보다 건축과 함께 환경을 현상학으로 드러내는 일이다. 그래서 빛, 바람, 시간의 현상을 끌어들이는 데 더 열심이어야 한다. 우리 눈앞에 벌어지는 너무 익숙한 것(그러나 우리 의식에서는 닫혀 있어 보이지 않던)을 새삼스럽게 하는 현상학이다.

건축은 지식과 개념을 총동원하여 디자인하지만, 상당한 부분(더 크게, 더 많이, 더 깊이, 더 복잡하게, 더 오묘하게) 건축은 자체로 작동하는 세계이다.

집을 짓는 일은 일종의 합성 화법, 몽타주montage 같다. 자연이나 도시에 삽입된 건축은 마치 거기에 오래전부터 있었거나 당연히 있었던 것처럼 의양한다. 몽타주는 여러 레이어 또는 주변의 대상물을 중첩시키면서 그 봉합을 교묘히 감춘다. 물론 어떤 디자인의 경우에는 봉합선을 의식적으로 드러내어 그가 중첩적 결과로써 행위를 표현이 되도록 한다.

건축과 환경을 봉합시키는 행위가 조경이다. 조원은 그 혼자 꾸미는 행위가 아니라, 건축과 자연을 자연스럽게 또는 상대적으로 또는 대치적으로 꿰매는 것이다.

67   샘

상수도 보급률 99.2퍼센트(2018년)의 나라에서 집 안에 따로 샘을 만드는 것은 언뜻 물고기가 물을 파는 것 같다. 그래도 그 땅에서 나온 물을 바로 그 땅에 주는 게 괜찮을 것 같다. 아마 땅 밑에 잠겨 있던 용천湧泉이 잠을 깨고 나와 땅을 적실 것이다. 그러니까 한강에서 상수도국을 거쳐 온갖 화학 처리 뒤에 수백 킬로미터의 파이프를 타고 부엌으로 오는 물과는 다르다. 용湧은 물 수水 변에 씩씩하고 굳센 기운의 용勇이다. 원래 힘차게 솟는 모양이지만 그냥 샘이라도 좋다. 뭔가 어쩐지 생명을 신진대사 시키는 기운 같다.

그래서 전원주택을 갖는 이유 중의 하나가 우물에 있다. 우물은 상수도 사용을 얼마만이라도 줄이자는 '위대한' 계측計測과 함께 자연을 보호하자는 '장대한' 계획이다. 나무도 그 땅의 우물을 더 맛있어 할 것이고, 수도국의 에너지를 50원이라도 줄일 것이다.

우물을 중심으로 길이 3미터 정도의 통나무 쪽을 높이로 세워 원형의 공간을 만들 것이다. 마치 영국 솔즈베리에 있는 스톤헨지처럼 생긴다. 껍질이 있는 통나무를 외주 쪽 단면으로 켜서 8쪽을 만든다. 그 중심에 우물을 위치시키고, 테이블을 만들기 위해 널판 3개가 또 필요할 것이다. 이천에 가뭄이 들 때 여기에서 기우제를 지내면 효험이 있을지 모를 일이다.

    우물의 장소를 만드는 것을 처음에는 아주 간단하게 생각했다. 1/ 제재소에서 피지를 얻어다가, 2/ 삽으로 구덩이를 파고, 3/ 우물을 중심으로 둥글게 박아 심으면 그냥 될 줄 알았다. 그런데 조경가의 경험에 비추어 보면 그건 어림도 없는 일이다. 우선 피지는 껍질을 모두 벗겨 내야 하고(벌레가 숨어 있다), 소독약을 뿌리고(벌레를 죽여야 한다), 그러고도 안심이 안 되어 표면을 토치로 그을린다(남아 있는 벌레의 씨를 박멸). 그리고 땅에 묻히는 부분은 콜타르를 발라 방부 처리한다. 지상에 노출되는 부분에도 기름을 발라 피막을 형성시킨다. 물론 생나무이니 시간이 지나면 틀어지거나 쪼개지는 것을 감안하여야 한다.
    이러다가는 야성의 통나무로 만들려던 질감을 모두 잃을 것 같다. 이런 복잡한 과정을 생략하려면 박피하고 살균한 건조목을 사다가 심는 것이다. 훨씬 간단하기는 하지만 단가가 좀 비싸다. 그보다 질료가 너무 매끈한 느낌이 들면서, 여기에 샤머니즘의 장소를 만드는 개념이 자꾸 멀어진다.

68 우드헨지 Woodhenge

제재소에 가면 헐값에 얻을 수 있는 자투리 재료가 많다. 통나무를 판재나 각재로 제재하는데 원에 내접하는 사각형만 쓴다. 그 주위의 원호 부분은 버리거나 땔감 신세이다. 제재소성남제재소, 여주시 흥천면 계신리 446에 가서 자투리 목재 10개를 얻었다. 나무껍질을 유지하고 있는 이 재료를 조경가는 피목이라고 한다.

    길이는 4미터쯤 되고 너비는 30~40센티미터로 일정하지 않지만, 굵은 것을 골라 쓰면 될 것 같다. 나무껍질은 거칠고 온갖 풍상을 다 인내한 피부이다. 안쪽 면은 나무의 속살인데 나이테 일부가 남아 있고 부드럽다. 이 이원 구조가 만드는 겉과 속의 이중성으로 대단히 성격적인 재료이다. 이것을 환상環狀으로 세우는데, 재목 길이 4미터에서 밑의 1미터를 땅에 묻고 남은 3미터가 하늘을 지시케 한다.

    제재소에 가면 섬뜩한 느낌이 든다. 엄청난 굉음을 내며 돌아가는 톱 아래에 뉘어져 나무가 썰어진다. 톱밥은 피가 튀기는 것 같고, 나무의 몸은 저며진다.

    나무의 운명은 사실은 이러했던 것이다. 숲에서 여러 나무들과 함께 행복한 커뮤니티를 이루며 살던 홍송이 살해되어 이 제재소까지 왔다. 아니면 동남아의 밀림에서 학살당한 나무들이 인천 항구에 실려와 전국으로 팔려 갔다. 그 시신은 결국 능지처참凌遲處斬으로 찢겨 죽었다. 물론 그 제재목으로 절도 짓고 집도 짓고 문화재도 짓겠지만, 나머지는 아궁이로 갈 것이었다. 여기에 그의 파편으로 만든 '우드헨지'는 그의 죽음을 서사敍事한다.

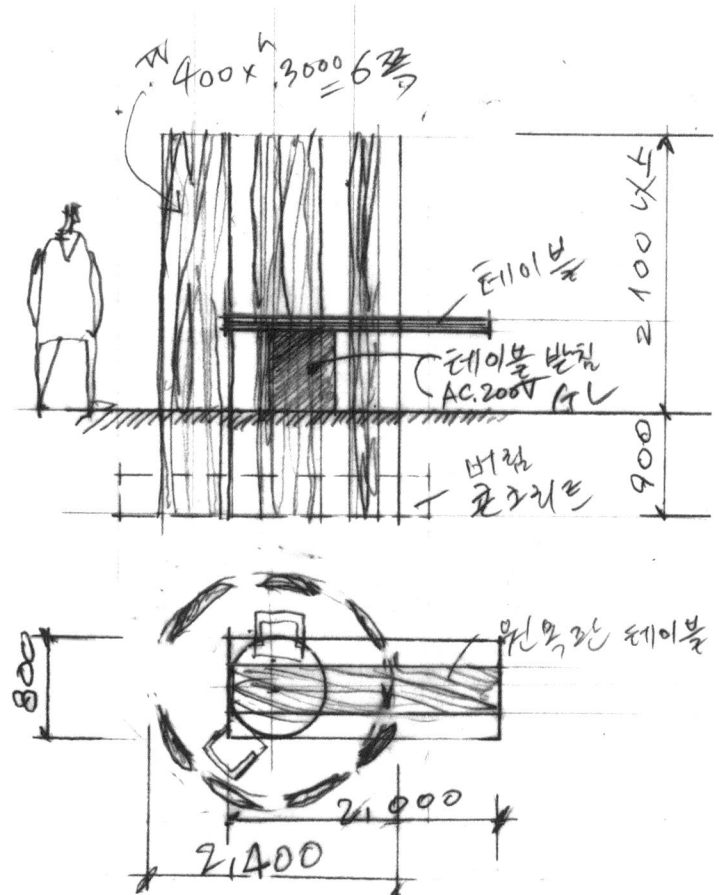

마당 한가운데 우물가에 만들 환상(環狀) 널판, 우드헨지는 작은 생활의 거점이다. 이 장소를 조경가의 도움으로 만들 것이다.

69   비 오는 날 풍경, 창

다른 모든 것을 포기하더라도 전원에 사는 제일 큰 이유는 비가 오는 날 마당에 떨어지는 빗방울을 보려는 것이다. 이것은 일찍이 한옥의 방문턱에 기대앉아 익힌 기억인데 현대 주택에서는 쉬운 일이 아니다.

    그래서 창은 방바닥에서 높이가 없거나 30센티미터를 넘지 않게 한다. 한옥에서는 주추 위에 하인방下引枋을 가로지르고 그 위에 머름을 놓는다. 그 위의 머름중방이 창문턱이 되는데 그 높이를 한 자 반 이하로 한다는 것이다. 바닥에 앉아 머름대에 팔을 괴고 원경의 풍광을 보거나 마당을 굽어보는 각도이다.

    비 오는 날 풍경을 위해 거실이 마당에 면하고 테라스를 크게 잡았다. 빗방울만이 아니라, 아마 땅을 스치는 바람이 낙엽을 희롱하며 날릴 것이다. 바람에 흩날리는 것이라면 먼지라도 좋다. 그러니까 창은 빛을 들이고 환기를 하는 것만이 아니라, 집에서 '뜬 눈'이고 감성을 만들기 위해 비워 내는 것이다.

한옥의 외관 구조를 보면 주추 위에 하인방을 가로지르고 - 머름을 대고 - 머름대를 놓는다. 그 위에 창호가 놓이는데 머름대가 없으면 문이다. 방바닥에서 머름대 높이는 한 자 반을 넘지 않는다.

- 머름대
- 머름
- 하인방

70   서리 낀 창

서리 낀 창은 집의 그림판이다. 풍경을 흐릿하게 하고, 분해하기도 하고, 밖의 풍광에 거짓처럼 시뮬라크르simulacre를 걸기도 한다. 그런데 요즈음 이중, 삼중의 유리창은 맑기만 하고 표정이 없다. 마치 성격 없이 예쁘기만 한 배우 같다. 현대 창호 기술은 결로를 두려워하지만, 높아진 투명도로 창의 그림판 기능을 버린다.

창의 단열 성능은 옛날에 비해 진보되었다. 바람이 스미던 창이 알아서 환기하던 것과 달리 이제는 인공 공기조화기와 공기청정기가 필요하다. 창호 산업에서는 '꽝꽝 잘 잠그는' 것을 기술이라고 한다. 창의 단열 성능이 높아지면서 차음도 강력해져 주변의 소리를 듣지 못한다. 그 성능을 소음 방지라고 하지만, 그 소리가 1년 만에 찾아온 제비일지라도 듣지 못한다.

71 먼지라는 괴물

보통 (가사 도우미가 없는) 집에서 가장 무서운 괴물은 먼지이다. 그것은 아주 서서히 집을 제압하는 존재이다. 그렇다고 해서 무작정 그 침투를 막을 수는 없다. 그러자면 풀 향기, 아카시아 미풍을 모두 함께 포기하여야 한다.

먼지와 대적하는 일은 청소이고, 청소는 면적이다. 면적보다 중요한 것은 공간의 단순화이다. 그런데 사실 집 안 먼지의 주범은 나 자신이다. 소위 생활 먼지는 내가 다 퍼트리고 다니는 것이다. 그러니 집에서 꼼짝도 안 하고 있지 않는 한 별 대책이 없다.

공간과 가구가 조금 대응할 수 있을지 모른다. 공간은 최대한 단순화시켜 구석과 틈을 만들지 않는다. 가구는 다리 밑 공간을 만들지 않고 쓸데없는 장식을 갖지 않는다. 그 부분들이 모두 먼지의 온상이다. 그런데 우리나라 온돌 구조에서 가구는 바닥에 공백을 마련하여야 한다. 바닥이 뜨듯해지면 가구의 밑바닥이 너무 건조되기 때문이다. 바닥은 로봇 청소기를 한 마리 기우면 되지만, 책장, 테이블의 높이 공간은 걸레밖에 대책이 없다.

72   **침상**寢牀, 누운 몸 위로 남은 공간

이미 천장고가 8자가 되면 전통 한옥보다 1자 높아진다. 7자 천장고의 한옥이라면 방바닥에 까는 이불이 맞다. 그런데 천장고 2.4미터라면, 침대 높이 1자 반 위에 누워서 천장까지 2미터가 남는다. 그것은 서양식 공간과 가구가 공조하는 결과이다. 그러니까 양옥(천장고 2.4미터 밑)에서 이불을 깔고 자기에는 높이 체감이 불편하다. 이를 뒤집어 말하면 한옥 온돌에서 서양식 가구나 침대는 맞지 않는다는 것이다.

    나이가 들면 방바닥에서 일어나는 일조차 힘들어진다. 그나마 침대에서 방바닥에 내려서는 게 수월하다. 침대 매트리스를 모터(전동 actuator)로 접어 등을 밀어주면 더 편해진다. 요즈음 노인네 침상으로 '모션베드'가 그것을 돕는다. 그런데 이게 좀 비싸다.

73 위생 공간

욕실을 최소한의 크기로 하는 것은 두 가지 이유가 있다. 우선 집 자체의 덩치에 비례하여 작아지지만, 더 중요한 이유는 그동안 힘들었던 청소 탓이다.

집 안 청소야 청소기를 빌려 대충하지만, 욕실은 젖어 있는 상태에서 쉽게 더러워지고 잘 닦이지도 않는다. 위생 기기는 굴곡이 심하고 구석이 많아 청소가 힘들다. 이를 피하느라고 욕실과 화장실의 치수를 줄였는데, 너무 작아진 것 같다. 몸을 구부리다가 충돌하고, 돌다가 부딪칠 것 같다. 한 번 들어갔다가 네 번 부딪쳐야 나올 수 있는 화장실은 매일 거주자를 웃게 할 것이다.

요즈음 위생 기기들은 디럭스하면서도 소형화 경향이 있어 치수 선택의 폭이 넓다. 여하튼 공간은 위축되었어도 여기에 우리의 보건을 위탁할 것이다.

74 　　상세의 실력

건축 상세를 결정짓는 것은 창호, 전기 조명, 욕실 기기, 전자 기기 등 모두 생활에 노출되는 요소들이다.

　창호는 일찍이 <이건창호>를 선호했으나, <E-PLUS 윈도우>로 공사한다. 순전히 경제적인 이유이지만, 대신 E-PLUS는 상세의 선택이 넓지 않다. 위생 기기는 공사비 문제로 <바스디포>의 <아메리칸 스탠다드American Standard>에서 주문했다. 건축 시공자의 추천인데 다년간 협력하던 업체인 모양이다. 전기 조명은 일찍부터 <명민라이팅>으로 하였는데, 조금 비싸지만 단단한 디자인의 선형 조명 기기를 선택했다. 광원소의 밀도가 높아 더 밝고, 안정기도 내구성이 높다.

　그런데 공사를 하면서 느끼는 것은 제품의 공급처와 시공자가 다르면 오해가 생기기 쉽다는 것이다. 제품과 시공 사이에 서로의 탓을 자주 한다. 특히 전기 조명이 그랬다.

75 최소주의

디자인은 궁극적으로 최소주의가 되고자 했지만 여의치가 않다. 그것은 단지 미학적 문제가 아니라, 기능적 합목적이며 경제적 합리성이기도 하다. 가능하다면 제일 싼 재료, 가장 작은 것, 가급적 단순한 것으로 할 일이다. 그것은 무엇보다 지방에서 집 짓는 일의 편의성 때문이다.

조금 더 성능이 나은 비싼 현관문을 달거나, 흰 벽돌 외장의 호사를 하거나, 더 작은 위생도기를 취할 수도 있었고, 더 단순화시킬 수도 있었지만, 고민이 귀찮아 그만두었다. 관리가 쉽지 않다는 것을 알고도 흙먼지 때문에 잔디를 깔고 말았다. 그러니까 미니멀리즘이나 루이스 바라간[18]은 아무나 하는 것이 아니다.

모든 인과因果는 상황과 원인의 결과라지만, 건축에서는 원인의 요소, 인자因子들이 간단하지 않다. 요인들이 다중적이며 비간헐적 순차성에 있기 때문에 거의 불확정과 다름없다. 그래도 인과를 사실로 알기 위해서는 물상적 인식적 현상적 차원까지의 해석이 긴요하다. 이 관계의 인수를 줄이기 위해 물상을 최소주의로 하여도 현상의 단계에서 더 다채로워진다. 그것이 백색의 문제이다.

---

18   Luis Ramiro Barragán Morfín, 1902~1988, 멕시코의 근대 건축가

76   지방에서 집 짓는 일

지방의 현장에서 보이는 첫 번째 특징은 도면을 잘 보지 않는다는 것이다. 상당한 상세도를 그려 주지만, 막상 해 놓은 것을 보고서야 전달이 안 된 것을, 나중에야 알아차렸다. 현장은 읽을 생각이 없는 그림을 나만 자꾸 그리는지도 모르겠다. 그 이유가 다음 중에 있을 것이다. 첫째, 도면을 읽을 줄 모른다(안 읽어도 더 잘한다). 둘째, 읽을 여유가 없다(읽을 수는 있지만). 셋째, 읽을 필요가 없다(뻔한 것을 복잡하게 할 필요가 없다). 그것이 지방의 작은 현장에서 디자인을 극단순화하여야 하는 이유이다. 소통은 대부분 현장에서 벌어지지만, 구두로는 구체적인 전달이 어렵다. 그림을 그리면 오히려 복잡해지고, 그러면 읽기가 싫어지는 것이다.

    두 번째는 공정표 개념이 없는지, 그릴 줄 모르는지, 공사 경영이 감각적으로 전개된다. 그것이 시공 기간에 대해 느긋해야 하는 이유이다.

    세 번째는 시공 중에 어떤 수정을 부탁하거나 새로운 제안을 하면 '안 된다'는 반응이 먼저 나온다. 어떻게 하면 될 것이라는 생각을 하지 않음은 결국 어렵다는 것일 게다. 그것이 어떤 제안이든지 쉽게 포기하지 말아야 하는 이유이지만, 우겨야 통하는 한국 문화가 보인다.

    그보다 더 중요한 것은 새로운 제안을 해 놓고 시공자의 의견을 깊은 관심으로 듣는 일이다. 그래도 결국은 수정의 어려움을 받아 주는 인심이 고맙다.

77   거부의 기술

일하다 보면 시공자와 소통하는 사이에 부정否定 또는 거부拒否의 경우가 생길 것이다. 어떤 수정이나 보완을 요청할 때마다 미안하기도 하지만, 제안은 수용되기도 하고, 스스로 포기하기도 한다.

그사이에 거부의 표현에는 몇 가지 레벨이 있음을 알아차렸다. 그 레벨에 따라 '고집부리기'의 정도가 달라진다. 거부는 쌍방향으로 성립되지만, 대개는 집주인이 시공자에서 부탁하는 모양이 되며, 그때 갑과 을의 입장이 도치된다. 다음은 현장에서 실제로 경험한 것이다.

최하급 : 꼭 그리하여야 하나? (그런 적이 없다, 전례가 없음)

하급 : 수정을 설명하는데 딴 곳을 본다. (뭘 그런 것까지, 완곡한 부정)

중급 : 돈이 더 들거나 시간이 걸린다. (힘들다, 그래도 하겠냐는 압력)

상급 : 코웃음부터 친다. (말도 안 된다는 반응)

최상급 : 손을 휘젓고 가 버린다.

거부는 사실 어려운 일이고, 설득도 쉬운 일이 아니다. 진정을 다하여, 예를 갖추어, 간곡하기도 어렵다.

78   워킹 드로잉

설계는 이미 (안 될 것은 걸러냈고) 되는 것을 모아 놓은 의사 결정이라 할 수 있다. 그래서 여기에 어떤 수정을 가한다는 것은 고쳐져야 할 하자의 발견이거나, 절대적으로 더 좋은 수단을 찾았기 때문이다.

    시공 중에 그리는 워킹 드로잉은 조건이 작용하는 현장성이다. 실행한 뒤 맞지 않은 부분이 생기면 그 책임은 도면을 '심사숙고하며 들여다보지 않은' 시공자보다는 내가 짊어진다. 그러니까 지방 기술자들은 도면을 건성으로 본다. 심지어 모순이 있는 앞-뒤의 그림을 주어도 알았다고 한다. 너무 자세히 그리는 도면이 소통을 방해한다는 생각이 든다. 간혹 쓸데없는 정보를 잔뜩 집어넣어 읽기만 나쁘게 하는 것은 그리는 사람의 생각이 그러하기 때문이다.

    생각의 번의翻意가 꼭 그러하여야 했는가는 나중에 종합적으로 되짚어 봐야겠다. 그러고 보면 설계 변경이 잦을수록 좋은 건축이라는 말도 괴변이고, 반면에 하나도 바꿀 수 없다는 고집은 바보이다.

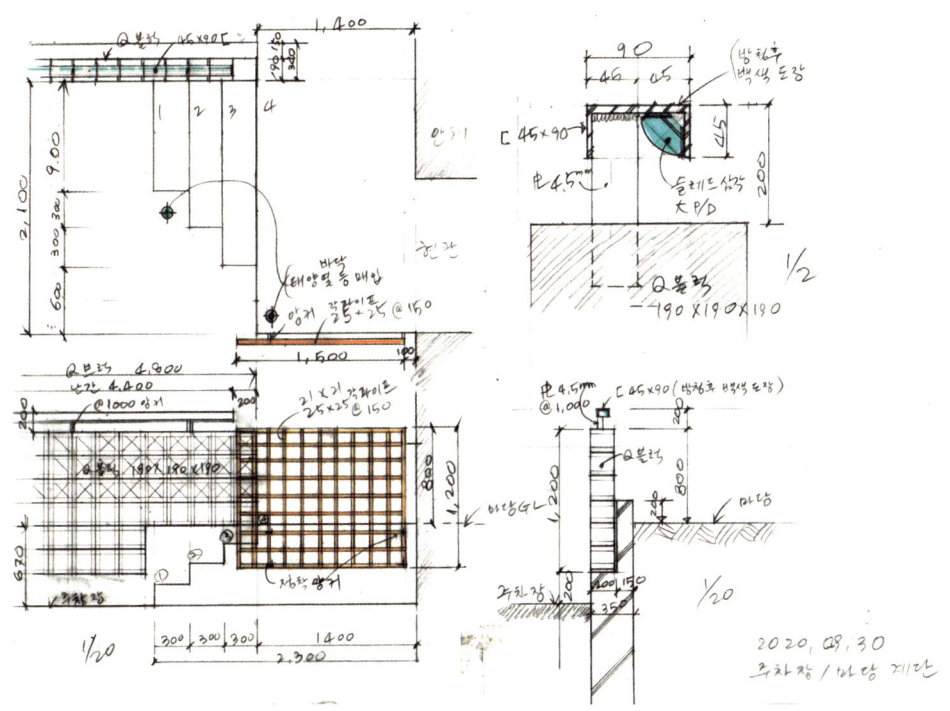

현장 설계를 자꾸 그리는 것은 나의 작은 성취감을 위한 일이지만, 대개 현장인들에게는 귀찮은 일이기도 하다.

79 목공 木工

목공의 양병대 이사는 <자인건축> 소속이다. 그는 원주를 근거로 일하다가 이천에서 활동 중이다.

30년 전만 해도 사실 목수가 공사를 지배했다. 목공 일이 큰 줄거리가 아니더라도, 목수는 모든 공정을 조정하고 관리하며 추진했다. 그런데 요즈음 목수는 목재로 하는 자기 일만 한다. 옆에서 어떤 공정이 벌어져도 알 바 없다. 그럴 수밖에 없는 게 구조는 콘크리트에게 빼앗기고, 외장은 조적에게 양보하고, 마감은 가구 업체가 대부분 채간다.

이번 공사에서 목공은 내장부터 시작된다. 목공은 소대小隊 정도의 인원인데, 그동안 장비 발달이 현란해졌다. 예전에는 망치만 들면 나도 한 귀퉁이를 거들었는데 장비가 지배하는 환경에서는 얼씬도 못 한다. 안에서는 목공사가 타카tacker, 태커를 따발총처럼 쏘아 대면서 시끄러운데, 밖에서는 파라펫을 단열재와 PF보드로 마감하는데 접착제로 붙이니 조용한 공정인 것이 재미있다.

이제야 집이 내피와 외피를 입고 몸집이 갖추어진다.

80 　금속 공사

금속은 크게 철과 비철로 나뉘는데, 쉽게 말하여 녹이 스느냐 아니냐의 차이다. 쇠는 산소를 호흡하며 표면을 삭인다. 녹은 쇠가 숨을 쉰 흔적이다. 우리는 숨을 멈추면 사멸할 것인데, 그 숨을 멈추게 하여서라도 녹을 방지하려 한다. 녹은 철의 지저분한 눈물 자국 같다.

현대 금속은 도금, 착색, 합금 등 여러 가지 녹 방지防銹의 표면 처리 기술을 발명하지만, 점차 중성화되는 경향이 있다. 알루미늄도 표면 기법으로 색감과 표정이 다양해졌다. 스테인리스스틸은 그 매끈함 때문에 아직도 좋아할 수가 없다. 보통 철은 도장으로 그의 내성을 감추지만, 냉정하기는 마찬가지이다. 그래도 철은 내후耐候 강판처럼 자연스럽고 깊숙한 심성을 얻기도 한다.

철공은 철판 또는 형강을 재료로 하여 절단하고 굽히고 접합시키고 마무리 질감까지가 일이다. 금속은 차갑고 강인한 재료이기에 뚜렷한 기하학적 속성을 지닌다. 그러나 이 금속을 다루는 사람들의 심성은 다르다. 금속 공사의 이한철국제유리·금속은 비교적 젊으며, 공사 내용을 공법이 아니라 공예적 기분으로 이해하는 것 같다.

이번의 설계가 대단한 난이도를 갖는 것은 아니지만, 금속물들이 오브제처럼 공작되었으면 좋겠다.

안채 침실의 스윙도어
이 집의 유일한 방 출입문도 패널로 공간화한다. 양 이사의 목공 솜씨다.

주차장 유리 지붕 씌우기
주차장에 당나귀가 두 마리 있는데 눈비를 맞으면 안 된다. <국제유리·금속>의 이한철 대표가 스파이더맨 같다.

81   중소기업의 기술과 경영

그동안 지방의 공장들을 지나가면서 저 환경에서 무슨 일을 하는지가 궁금했다. 이번에 기계 기기를 알아보면서 우리 건설 관계 중소기업의 속내를 볼 수 있었다. 보통 하청업이거나 부분 도급으로 수주를 할 터인데, 경제 규모는 상당한 것 같다. 이래서 우리나라의 산업을 일군 '개미 군단'이라 하겠다. 그런데 문제는 기업 시스템이다.

자수성가한 것 같은 사장님은 자상하지 못하다. 대부분 도면을 내밀면 보려고 하지 않는지, 볼 줄 모르는지, 어려워한다. 주식회사의 상무라는 분과 상담을 하는데 자꾸 현장에서 이야기하자고 한다. 물론 도면이 모든 상황을 설명하지 못하지만 (내 말이 어눌한지) 설명을 해도 자꾸 다른 데를 본다. 공장을 보여 주겠다고 데리고 나오는데 정작 내가 궁금한 것과 상관이 없다. 그러니까 상담자는 상담의 문제 자체를 이해하지 못하는 것이다.

손님의 대응을 (물론 공장에 온 손님이 대부분 뜨내기겠지만) 상대의 문제에 따라 어떻게 할지 모르는 것 같다. 그들에게 고객 응대 테크닉을 기대하는 것은 아니지만, 공장은 기술적 정보를 주는 방법을 모른다. 자꾸 홈페이지를 보라고 하는데, 그것은 사실 사진뿐이고 내가 필요한 것은 사양仕樣이다.

만약 공장에 상담 공간을 제대로 만들고 기술 상담 시스템을 구동하면 훨씬 경영이 잘될 것 같다. 아마 대부분의 일이 '갑'의 현장에서 벌어지거나 입찰을 통해 결정되기에 따로 상담의 과정이 익숙하지 않은 모양이다.

지방의 중소기업 기술은 상당한 수준이며, 해외와의 기술 협력도 꽤 든든하나. 기술에 대한 프라이드가 대단한 기업도 많다. 그래도 공장 현장의 환경은 너무 척박하다. 간혹 약속과 다르게 되는 것을 크게 미안해하지도 않는다.

82 집 짓는 사람들 2

세상에는 오늘도 수천만 채의 집이 지어지고 또 헐린다. 중동의 유대인 미즈라히가 조용조용히 유대식 석조 건물을 짓고, 인도 남부에서 말라얄람어로 시끄럽게 목조 가옥을 짓는다. 터키의 할크들이 흥청흥청 집을 짓고, 비버리힐즈에서는 기계 장비가 호화 저택을 짓는다. 온 세계의 지표에서 '달콤한 화평'이 지어지고 있다.

여기에서는 각 공정별로 기능공들이 알아서 지어 놓고 간다. 옛날에는 인부들이 육담을 날리며 담배를 꼬나물고 흥얼흥얼 일을 했었다. 지금은 이어폰을 끼고 일하는 사람도 있고, 방구석에는 mp3가 먼지를 뒤집어쓴 채 돌아가고, 그도 아니면 서로 말도 건네지 않는다. 간혹 최재영 팀장처럼 아래 인부를 '어이 조카!'라 부르는 세대가 남아 있지만, 그들은 이미 장년이니 다음 집을 지을 때는 그 소리도 못 들을지 모른다.

여하튼 그렇게 내 말년의 재산을 다 털어 지구 위에 아주 작지민 흠집을 하나 내고 있다.

83   흐릿해지는 **노동의 향기**

산업혁명 이후 노동을 기계에 꿰맞추려는 의식은 그렇다 치고, 이제는 디지털 문물에 이르러서 현장에 노동의 향기가 휘발되고 없다. 나아가서 노동의 의식 행태가 1970년대와 비교하여 크게 달라졌다.

여러 노동 영역 사이의 유기성은 사라지고, 분화된 작업은 겹치는 것을 조심하며 개별화되었다. 더욱 발달한 기계 공구는 디지털 기술과 결합되며 현장을 침묵으로 만든다. 확실히 새참[19]과 낮잠 시간이 없어지면서 노동의 양태가 달라져 보인다. 이즈음 현장에서 발견한 사실이 하나 있다. 바쁜 사람은 일이 느리다는 진리이다.

기계화가 확연해지며 인터페이스의 변화만이 아니라 노동 세계만이 가지고 있던 감정이 변이한다. 뭔가를 만들어 성취한다는 것보다 품셈이 중요하다.

---

[19] '새참'은 '사이 참'에서 왔으며, 전라도에서는 새이때, 셋노리, 샛거리, 샛그리, 샛것(전남), 새밥, 세기태(전북) 등 다양한 지방 언어로 쓰인다. 북한에서는 일참, 중챔(함경도)도 전해지고, 경북에서는 사이끼참이며, 강원도의 젠놀이 또는 전놀이 쯤 되면 외계어 같다. '새참밥고리'라는 새참을 나르는 광주리가 따로 있었다.

84   벽

집 내부의 꽃 벽지는 집을 불안하게 한다.
_ 존 헤이덕

그래서 벽에는 어떤 패턴이나 색조도 '엄금'이다. 벽을 하얗게 놔두는 것은 벽을 벽壁답게 만드는 일이다. 보통 창을 뚫고 문을 내어 열기 위해 벽이 있다. 그러나 벽은 그보다 더 중요한 입장이 많다. 원래는 막혀 있는 것으로 존재감이다. 공간을 가르고 가리고 그 자신만의 존재처럼 있어야 한다. 벽은 막연한 상태, 먹먹한 모습, 막아서는 기호로 있어야 한다.

물론 그것에는 화면처럼 무엇을 그리거나 장식할 수 있다. 빈 벽에 공포를 느끼는지 액자라도 걸려고 한다. 그 순간 벽은 사라지고 분식扮飾이 남는다.

85 DIY

집을 짓는다는 것은 그냥 청부업에 부탁하거나 누가 대신 지어 주는 것이 아니다. 그야말로 손수 공작으로 참여하여야 한다. 물론 건축이기에 기술적 지원이 필요하지만, 가급적 잡공사에라도 몸으로 참여할 일이다. 몸은 생각이다.

예전에는 착공하면서 나의 작업 도구를 마련했었다. 목공으로는 톱, 망치, 드릴이 기본이다. 전기 공사를 위해 펜치와 니퍼를 갖고, 칠 공사를 위해 붓과 팔레트를 갖춘다. 이들을 담아 두기 위해 자기의 도구함도 만든다. 더 기술적인 장비는 어차피 민폐만 되고 말 것이니 피한다. 그래도 남자들에게 건설 공구는 로망처럼 있다. 멋있는 공구를 앞에 두면 괜히 흥분한다.

현장이나 공구상의 기기를 보면 공구의 발달사가 보인다. 다양해진 기구들의 면모도 그러하지만, 모두 인간공학적인 개념과 디자인의 합목적성이 두드러진다. 무엇보다 '배터리'의 기술은 큰 진보의 동기가 된 것 같다. 공구가 배터리를 장착하고 나면 코드리스가 되며, 대단한 기동성, 단순화, 경량화, 기능화를 함께 얻는 것이다.

일상에서 집을 꾸미기 위한 오브제 모으기는 쉽고, 상당한 만큼은 미술도 할 수 있다. 조경은 어차피 넓은 범위에서 손수 할 것이 많다. 준공 후부터 그것은 전적으로 자신의 몫으로 맡겨질 것이다. 온통 집 한 채를 집주인이 혼자 짓는 경우도 있으니, 노동 참여는 즐거운 일이다. 몸이 즐거운 노동의 대가가 있다.

우리가 현장에서 체득하는 것은 자투리 기술만이 아니라 일의 행태를 깨닫는 것이다. 이런 것들이다.

삽으로 흙을 퍼 던질 때, 부삽에 얹는 일이 중요한 게 아니라 그 이전에 어떤 각도로 흙에 보습을 꽂느냐의 결심이 중요하다. 망치를 내리칠 때, 장도리가 못 머리를 정확히 때리는 것만이 아니라 그다음 해머가 흐르는 궤적을 생각하는 것이다. 톱으로 널판을 썰 때, 무작정 왔다 갔다 하는 게 아니라 톱날의 힘을 어떻게 넣기 시작하고, 미는 힘과 당기는 힘의 배분이 요령이며, 다 썰어갈 즈음 톱자루의 힘을 어떻게 소멸시키는가로 복잡하다.

그러니까 노동은 사유思惟의 일과 다르지 않다.

86   일

모델하우스에서 차려 놓은 메뉴를 보고 고른 집에 사는 것과 DIY로 스스로 만들어 사는 집은 다르다. 노동勞動은 몸을 움직여 일함이다. '노동은 인간과 자연의 질료 변환을 그 자신의 행위에 의하여 매개하고 규제하고 통제하는 과정'이다. 『마르크스의 자본론』의 과학적이지만 아름다운 수사이다.

노동으로 가족의 생계를 꾸리는 사람들과는 다른 이해이지만, 내가 집을 짓는 일도 취미는 아니다. 역사적으로 노동은 이데올로기의 가슴에 있었다. 착취 노동, 강제 노동도 있으나, 노동은 신성하다.

경기도 안산시에 '다문화음식거리'가 있는데, 저녁때가 되면 '봉고차'가 와서는 대여섯 명씩 내려놓는다. 그 사람들의 얼굴은 새벽부터의 일로 피곤과 하루를 무사히 마친 안도와 맛있는 고향 음식 내음에 행복감이 켜켜이 쌓여 있다.

옛날에는 오후 3~4시대에 새참 시간이 있었다. 십장什長이 준비하는 간식이나 자장면을 시켜 먹었는데 요즈음은 없어졌다. 또한 일과기 끝나면 소장이나 집주인이 마당에다가 바비큐를 만들었다. 그래 봤자 슬레이트 조각을 깔고 돼지고기 굽는 일이었지만 푸짐했다. 슬레이트가 요즈음은 환경 폐해의 주범인 석면이었던 것을 모르고, 그 위에 고기를 지지고 있었다. 요즈음은 작업이 끝나면 우리 일꾼들은 재빨리 도구를 챙겨 집에 가기 바쁘다. 귀가가 회식보다 행복하단다.

87 가구, **스칸디나비아로부터 해답**

이케아IKEA가 주창하는 북구 디자인의 정신은 그 조형적 매력만이 아니라 경제적 합리성으로 서민 주택에 자리를 만들고 있다. 이 스웨덴 디자인은 양산 체제에서 값싸고 단순하지만 디자인이 정갈하다.

북구는 겨울이 길고 일몰이 빠른 지역성에서 실내 생활시간이 길다. 5월까지 낮에는 구름이 잔뜩 낀 회색의 날이 대부분이다. 그래서 덴마크의 휘게hygge처럼 실내에서 취미, 휴식, 안식으로 겨울 연금에 들어간다. 자연히 가구와 실내 디자인이 발달하는데, 노르딕네스트Nordic Nest는 미니멀하지만 합목적이며 저렴하다. 일찍이 핀란드의 알바 알토Alvar Aalto 디자인이 그랬다. 목재 산업의 모기업으로부터 무제한으로 제공 받는 나무로 간결한 구법과 재료의 감성을 총합시켰다.

<51-6>에 새로 들여놓을 가구가 많지는 않지만, 가구 구입 비용이 쪼들렸다. 여느 집처럼 넉넉지도 않은 예산을 처음에 흥청망청 쓰다가 마지막에 가서야 호주머니의 바닥을 본 것이다. 그나마 북구형 디자인이 경제적 합리주의로 대답이 되었다. 대신 상당한 부분 DIY으로 자기가 조립하는 품을 대어야 한다.

이케아(IKEA)의 야외 의자 위펠리그(YPPERLIG)는 '뛰어난 일품'이라는 뜻인데, 제품은 싸고 디자인은 명료하다.

88 물건object들의 집

모든 집은 이미 싸구려든 명품이든 온갖 오브제를 가지고 있다. 여행이 잦고 그때마다 기억을 위해 사들인 소품들이 많다. 이들을 버릴 수 없어 가지고 있었는데, 이번에 이들을 위해 공간을 만들었다. 최소한의 공간에 수장 밀도를 높일 방안을 Q블록이라는 조적재에서 찾았다. 20×20×20센티미터의 치장 블록에 구멍이 숭숭 뚫려 벌집처럼 물건을 담기에 좋다. 물건을 챙길 공간의 밀도가 최고이다. 그러면 Q블록 담장은 물건의 아파트처럼 되는데, 이들끼리의 근린 관계neighborhood를 만들 것이다. 그들은 절대로 거기에서 빠져나오면 안 된다. 그 순간 좀비 같은 그들에게 생활공간이 엄습 당할 것이기 때문이다.

생활 속의 물건들은 추상追想의 기호이거나, 어찌 보면 삶의 찌꺼기이거나, 시간의 꼬리가 만드는 먼지일지 모른다. 그래도 버릴 수는 없고, 없는 듯하라고 있게 할 것이다. 오브제는 간혹 빈티지에서 올 수도 있다. 골동품상을 지나다가 손의 유혹을 뿌리치지 못한 것들이다. 별 쓸 데도 없는, 무슨 박물적 취미도 못되지만, 이들은 미니멀한 바탕에서 상대적인 조미료가 될 수 있다.

89 숨 쉬는 담, **숨틀**

Q블록 벽은 시선을 어느 정도 차폐하지만 기류는 흐르는, 일종의 숨 쉬는 틀이다. 제주도 돌담의 원리이기도 하지만, 블록으로 만들면 기하학적 선을 만든다. 이 틀 속에는 직교하며 뚫린 공백이 있고 그 안에 여러 가지 소품들을 두는데 각각 수사修辭를 가지고 있다. 추상이던지, 기억의 소자이던지, 심지어 액막이도 있다. 그러니 바람이 이들을 통해 흐르면 덩달아 수사적이게 된다.

대문간과 마당을 경계하는 부분, Q블록과 금속 공사의 격자를 동조시켰다. 그 관계를 확실히 하기 위해 앞 격자 난간의 노란색이 뒤의 Q블록 위로 전이한다는 색채 의도이다. 그런데 실패로 보인다.

90 통발

오브제마다 의미를 얹어 보는 것이 무료한 공사 중의 할 일이다. 고깔 모양의 소쿠리는 원래 고기잡이 '통발'인데 여기에서는 출입문 앞에 세워 놓았다. 브라질 아마존 마을에는 토착민들의 고깔 모양 도구가 있다. 이것의 모양은 단순하지만 상당히 깊은 상징물이다. '마을 입구에서 아마존의 밤에 잠입하는 조상 정령들도 물리치는 소리를 낸다.'

문 앞의 이 통발을 보고 누구는 새장이라고 하고, 누구는 꽃꽂이 도구라 하지만, 밤에 잠입하는 정령을 감시하는 장치이다. 안에 조명을 넣으면 더 그럴듯하다. 여기에 수사를 더하면 통발은 '하늘의 정령들을 포획하는 기구'이다.

대개의 오브제는 시각적 대상으로서 시각 축의 정면에 위치한다.

91 날으는 **작두**

작두는 땅에 밀착되어야 한다. 약국에서 쓰는 작은 작두도 있고, 농촌에서 볏짚을 써는 작두도 있고, 사람의 머리를 자르는 형구이기도 했다. 여하튼 바닥에 밀착되어야 한다. 작업자가 발 아래 꿈적도 하지 않게 누르고 긴 칼을 내려 썬다.

칼날은 녹이 슬고 몸뚱이는 낡아서 버려졌다. 골동품상에서 그냥 가지고 가라는 것을 2만 원을 주고 샀다. 그리고 그를 공중 부양시켜 본다. 일생을 사람의 발밑에 깔려 누르는 힘을 견디다가 이 말년에 부상한다.

고물상에서도 버린 작두를 얻어 왔다. 약 20킬로그램의 작두가 공중 부양에 성공했다.

92   세간살이

가구는 집의 공정에서 거의 마지막 단계에 들어온다. 그러니까 집의 공정은 실제 생활의 접촉 순위와 반대로 진행되는 것이다. 처음 기초 공사는 생활과 상관이 없는 땅 밑에 있다. 마지막 도장 공사와 가구는 생활과 바로 접촉된다. 2020년 11월, 이제 생활의 모습이 보이기 시작한다.

가구는 소소한 것에서부터 집채만 한 값을 가진 것도 있고, 그 지칭도 여러 가지이다. 고급으로는 예술 가구도 있고 문화재급도 있다. 신혼 시절에는 사과 궤짝 몇 개만 있어도 살림살이가 된다고 생각했다. 지금도 가지고 있지만 <파란들>이 만든 사방탁자 하나면 생활이 다 되었다. 거기에는 전기 아웃렛콘센트이 하나 붙어 있어 오디오도 놓았다. 그게 110볼트였으니 1970년대산[20]인 모양이다.

'살림살이 세간' 또는 '세간살이'는 집안 살림에 쓰는 온갖 깃이라 힌다. 그릇, 이불, 기기 등을 포함하는데 저택에서는 쓰지 않는 용어일 것이다. '가재도구' 또는 '가재기'는 더 허술한 것이다.

가구는 쓰던 것을 가져오는 것, 기성 제품을 구입하는 것, 현장에서 제작할 것으로 구분된다. 이미 50년이나 쓰던 가구는 특별한 기억을 가진 것만 새집에 온다.

버려질 수밖에 없는 나머지의 숙명이 많다. 기성 제품은 공기를 단축하고 경제적인데, 만들어지는 실내 환경과 맥락을 갖추어야 한다. 이케아IKEA, 일룸illom 등의 중저가품이 생활을 지원할 것이다.

언뜻 가구들이 이 집에서는 자신의 존재감을 발휘하지 못한다고 불평할 것 같다. 실내의 백색에 묻히고, 디자인의 배제로 흐릿할 것이다. 낭만주의 시대에서는 한껏 자신의 조형을 뽐내고, 바로크 가구는 미술에 속한다. 모더니즘 이후 가구는 있는 둥 마는 둥 하지만, 대신 생활의 기능을 합목적으로 지원한다.

---

20 한국전력은 110볼트 전압을 220볼트로 올리는 사업을 1973년에 제기하고 2005년 완공한다. 32년 걸린 작업은 일본도 못 하고 미국도 못 하는데, 가끔 후진국의 장점도 있다.

내부 마감이 끝나고
가구가 설치되며 집
같은 공간이 되었다.

93 가구, **삶의 실제적 수단**

우리가 살아서 존재한다는 사실은 집이 이루는 것이 아니라, 가구가 그렇게 하는 것이다. 원시시대(구석기시대)의 수렵 채집 경제에서는 가구가 오히려 거치적거리는 일이다. 그러나 신석기시대 이후 정착 농경 시기가 되면서 집은 좀 더 고착적으로 짓고, 가재도구가 늘어나기 시작했다. 역사시대 이후 사람들은 삶의 실제를 위해 가구 집기를 사들여 집안을 채웠다.

여하튼 집에서 밥을 짓거나 음식을 먹거나 음악을 듣거나 접대를 하거나 책을 읽거나 잠에 드는 모든 일을 사실로 만드는 것이 가구이다. 그러니까 가구는 실존적 삶의 수단이다. 건축을 실존적 공간으로 말하는 것은 관념의 문제가 아니다. 실재하는 우리와 공간의 관계는 가촉적이고, 그 사이에 가구가 매체로 개입하여 온다. 그러다가 근대 이후 가구와 집기가 지배하는 공간이 힘들어지기 시작한다. 소위 미니멀리즘 또는 'Less is More'라는 극단적 최소주의가 이들을 정제시켰다. 더군다나 이제 가구의 이유는 기능을 넘어서고, 공예처럼 감성적 존재로 삶을 채운다. 그것이 우리가 가구에 더 공을 들여야 하는 이유이다.

94   가구, 벨로디자인

가구 공사에는 전체 공정 중 유일하게 여성 기사가 나왔다. 우리나라 건설 현장이 금녀禁女의 공간이 아님에도 불구하고 그렇다. 경기 지역에서 <벨로디자인>은 고급 작업을 많이 하나 보다. 설계실과 자료실을 갖추고 디자인 상담도 구체적이다. 그러니까 지역의 디자인도 여러 급수가 형성된 모양이다. 구사하는 디테일의 정치도精緻度가 차이 나고 재료 선택의 폭이 넓지만, 제작비는 물론 중량급이다.

    벨로디자인의 김인애 실장인데 매우 바쁘다. 주택 공사에서 가구는 마무리 단계에야 집중하는데, 대개 늦가을이면 그해 단독주택 공사들이 준공하느라고 바빠지는 것이다.

    건축 공정이 설계의 지시를 실행하면 되는 데 비해, 가구 디자이너의 감각과 공작의 섬세함은 끝나봐야 안다. 물론 설계자가 자세한 전개도를 제공하지만, 지방의 시공은 설계와 현장 치수에 차이가 많아 실측부터 다시 한다. 설계자의 감각은 대개 막연할 수밖에 없는데 이를 가구 공정이 구체적으로 살려 내야 한다.

    김인애 실장은 천장 에어컨의 날개가 열리면 주방 위 붙박이장의 문과 충돌할 것이니 장의 깊이를 뒤로 물려야 한다고 지적한다. 또한 조명은 사무소의 조명과 빛 환경이 다르니 실제 공간에서는 4,000켈빈의 환경으로 결정하여야 한다고 제안한다. 이렇게 열심히 일하는 직원을 둔 사장이 부럽다.

거실의 공부 공간을 사실로 만들 가구, 선과 면이다.

근대 시기 동안 건축가의 가구 디자인은 많았지만, 공작의 뒷받침이 확실해야 성공한다. 르코르뷔지에Le Corbusier의 유려한 솜씨는 가구에서도 유명하지만, 그중에는 프랑스처럼 거친 것도 많다. 미스 반데어로에Mies Van Der Rohe와 마르셀 브로이어Marcel Breuer의 가구는 독일처럼 정치精緻하다. 알바 알토Alvar Aalto는 핀란드 목재 산업을 배경으로 하기에 명품이 많다. 건축가의 건축과 가구는 닮은 점이 많다. 이탈리아 후기 모더니스트, 알도 로시Aldo Rossi의 가구와 집기는 공예품점에서 판다. 이에 비해 미국 근대의 프랭크 로이드 라이트Frank Lloyd Wright는 자신의 형태 습속에 가구들이 얽혀 있다.

친구 중에는 모던 명품 가구를 소장하고 있는 사람이 많다. 멋있는 일이지만, 돈이 많이 들어가는 취미이다. 고가의 명품 가구를 갖지 못했다면 전통 고가구도 괜찮다. 이 역시 투자가 필요하지만, 시장이 훨씬 넓어 편하다. 고가구는 이미 가구로서 기능은 잃었지만 시각적 오브제로 위치할 곳이 많다.

우리의 고가구는 디자인 성격이 이원화되어 있다. 하나는 클래식한 미학으로서 소위 간결미이다. 사방탁자, 서안, 소반 등이 그러하듯, 골격을 이루는 구성미와 허체가 심미적으로 작용한다. 극단적으로는 골해미骨骸美가 있다. 다른 하나는 바로크적인 성질로, 수납계 가구인 자개장, 채화칠기, 화초장 같은 것은 회화성이 짙다.

<51-6>의 가구는 없는 듯이 있어야 하고, 공간의 장악력이 중요하다.

95 　　비용 경영

집 짓기가 마무리에 이르면서 현실적인 문제들이 손을 내민다. '돈은 아무래도 좋으니 좋은 게 좋다'는 경우도 있겠지만, 나는 그렇지 못하다.

총예산은 계약 공사비에 3할을 추가로 생각해 두어야 할 것 같다. 예를 들어 3억의 공사 계약이라면 1억을 추가하게 될 것이다. 문제는 이 추가 비용이 중간 단계까지는 시치미를 떼고 있다가 마지막 단계에 가서 마구잡이 쇼핑으로 정체를 드러낸다. 소소한 소품부터 가구와 큰 옵션까지 쇼핑이 공습해 온다. 특히 경제관념이 투철하지 못한 사람은 자기도취와 구매욕을 함께 뒤섞는다. (자기가 무슨 수집가도 아니면서) 곧 후회할 구매, 좀 더 저렴한 옵션을 살피지 못하는 것, 우드슬랩 식탁을 140만 원 주고 산 것, CCTV를 설치한다고 허세를 부린 일 등이다. 모션 베드는 침상 건강과 맞바꾼 가치라 하더라도 몇 년을 이 위에서 자야 본전을 뽑을지 모른다. 이제부터 남은 잠의 숫자를 세기 시작할 것이다.

96 굼벵이를 위한 **리모컨**

엉덩이를 들기 싫어 리모컨을 들였다. 집이 리모컨투성이가 되는 상황을 되짚어 보아야 한다. 생각나는 것만 세어 보면 다음과 같다. 대문 개폐 2개, 커튼 개폐 3개, 에어컨 4개, 고창 전동 조작 5개, 전동 침대 2개, 공기정화기 1개, 블루투스 오디오 1개, 히터 1개, TV-오디오 3개, 선풍기 2개, 총 24개의 원격 조정기가 세어지는데, 그밖에 잊고 있는 것이 있을지 모른다. 언어 로봇 <지니>도 왔다. 나중에는 어떤 것을 어디에 쓰는지도 모르겠다. 굼벵이가 편리해 하는 것은 알겠는데 이게 모두 가전제품의 가격을 올리는 이유인 게 문제이다. 어떤 곳은 통합할 수도 있었는데 시스템을 이해하지 못해 방만해졌다. 그러니까 설비 계획에서부터 리모컨 계획을 해야 한다.

97　2020년 12월 21일, **동지**冬至

12월 21일은 해가 가장 짧은 날이지만, 바꾸어 생각하면 오히려 이제부터 낮의 길이가 길어질 것이다.

그런데 겨울을 다 보내고도 공사가 언제 끝날지 아직도 모르겠다. 혼자 하는 일이라면 대략 짐작이라도 하고 속도 조절이라도 하겠지만, 시공은 조직이 하는 일이니, 하면 하지만 안 하면 안 한다.

건축이 신진대사를 시작하려면 전기를 들여야 하는데, 아직 동네에 공공 전선이 형성되지 않아 임시선을 이용하여야 한다. 여하튼 집은 전기가 들어와야 눈을 뜬다.

공정 말기에 접어들면 자연히 준비했던 공사비가 바닥나기 시작한다. 옛날의 아이들은 많은데 집의 비어가는 쌀 항아리와 다르지 않을 것이다. 처음부터 좀 아껴 쓸 걸 그랬다.

98 제논의 역설 zenon's paradox, 영원히 끝나지 못한다

이 일은 준공을 앞두고 있어도 (줄어들기는 하지만) 영원히 끝나지 않는 수학적 원리에 있다. 얼마 뒤에 나머지 일의 반을 처리한다. 그 뒤에 다시 반의반을 처리한다. 그 뒤에 다시 반의 반의반을 처리한다. 그 뒤에 다시 반의 반의 반의반을 처리하지만, 잔업량은 반의 반의 반의반이 남는 것이다. 제논의 역설과 똑같다. 이분법의 역설이기도 하다.

어떤 물체가 A 지점에서 B 지점으로 이동하기 위해서는 그 중간 지점인 C를 통과해야 한다. 그리고 마찬가지로 C에서 B로 가려면 그 중간 지점인 D를 통과해야 하며, 또한 D에서 B로 가려면 그 중간 지점인 E를 통과해야 하고……. 이런 식의 사고를 계속하다 보면 C와 B 사이의 거리가 아무리 짧다 해도, C에서 B까지 가려면 무한히 많은 점을 통과해야 하기 때문에 물체는 이동할 수 없다는 이야기이다.

99 호모 일렉트리쿠스 homo electricus

    2021년 1월이 되어서야 전기가 들어왔다. 집이 침침했던 눈을 반짝 뜨는 기분이다.

    1937년 파리 만국박람회의 전기관 안에 뒤피 Raoul Dufy가 그린 초대형 벽화가 기억난다. 제목이 <전기의 요정 La Fee Electricite>인데 인류가 전기의 혜택으로 행복해지는 모습이다. 우리는 공기처럼 전기를 당연한 것으로 습속하고 있는데, 퍼뜩 미안한 생각이 들었다.

    전기는 문명의 수단이다. 전기는 우리 산업만이 아니라 생활을 구동시키는 원천력이다. 전기는 단순히 동력의 공급만이 아니라 삶을 안식시키는 문화이다. 항시 한국전력에 감사한다.

한겨울이 되어서 전기가 들어왔다. 집이 눈을 번쩍 뜬다.

100 말년未年의 양식, 코다⊕

코다coda는 대체로 장려하고 힘차게 총주總奏로 끝난다. 작곡의 기교를 모으며 인상적이려고 노력하는 악장의 마무리이다. 특별히 추가된 코다는 ⊕로 표시한다. 끝을 특별하게 생각하는 것이다.

말년의 양식은 대체로 두 가지로 갈린다. 자꾸 화려해지거나, 반대로 단조로워진다. 소위 말년의 풍요이거나, 초월적 단순함이다. 물론 미학적으로 심화되기도 하지만(베토벤), 이랬다저랬다 하면서 혼돈스럽기도(알바 알토) 한다.

바로크는 클래식의 말년 양식이다. 바로크는 극적이며 선정적이다. 나이가 들수록 화려해지는 경향은 여자들이 늙어가면서 화장이 짙어지는 것과 같다. 늙는 것은 아무래도 추하다. 연륜이 철학을 이룬다는(나훈아) 믿음이라면 한국의 철학은 죽었다. 늙을수록 젊다는(송해) 모순 속에서 늙은이들은 스스로를 기만한다.

이천의 늙은이는 이러한 선배들의 양태樣態를 알기에 절제하려고 한다.

사실 말년의 양식은 거창한 미학이다. 한 위대한 예술가의 미학적 정점이며 그를 마지막으로 기억할 코다이다. 마지막으로 호흡을 모아 핀 최후의 불꽃이거나, 뒤 자국마저 모두 지우고 스러질 일이다.

101 말년末年의 양식, 나태懶怠

늙은이의 집은 게으르다. 늙은이의 집은 걱정이 많다. 늙은이의 집은 디자인을 초월한다. 그렇다고 해서 게으름 – 느긋함 – 느림의 초월적 미학을 말하는 것은 아니다. 그냥 나태해지는 것이다.

게으름이란 생산적인 일이 없으며 규칙적인 일과를 쉽게 포기한다. 게으름의 보상으로 하루에 한 끼를 줄여 두 끼만 먹는다. 가능한 한 늦게 잠에 들고 늦게 일어나니까 주변의 것들에게 눈치가 보인다. 안 하면서 못하는 것을 '말년의 미학'이라고 구시렁구시렁 주장하기도 한다.

대부분의 걱정은 노파심老婆心인데 필요 이상의 걱정이다. 당연히 도시의 커뮤니티와 소원疏遠해지면서 자꾸 혼자서 하는 일을 만든다. 늙은 걱정 중의 하나는 집 짓기가 또 자연을 파괴할 것 같은 노파의 마음이다. 그래서 태양열을 이용도 하고 우물도 파지만, 그게 순수한 사과謝過로 돌아가지 않는다. 우물은 모터를 전기로 돌려야 물이 나오고, 태양광은 그 판을 만드느라고 비사연친화의 소재를 소모한다.

먼저 살던 집에서 짐을 반으로 줄여 이사해야 했다. 우선 공간의 체적이 절반으로 줄기도 했다. 버린 것 중에 아까운 것도 있지만, 그것은 사실 쓸데없는 것들이었다. 이삼십 년 손도 안 댄 것들이 수두룩하다. 버린 것 중에 망설이던 것이 많지만, 사실 그것은 처음부터 쓰레기였다.

　어차피 늙음은 추하다. 노추老醜는 자꾸 겉으로 비집고 드러나기에 가리기도 힘들다. 겉모양이 추한 것만이 아니라, 노추의 냄새나는 마음이 더 반사회적이다. 고려장이 이해되기 시작한다. 그러니 늙음은 낡음이고 퇴화이며, 내버릴 때가 되었음을 받아들여야 한다.
　그러니까 집의 디자인은 가능한 제거하여야 하고, 생활은 지워야 한다. 그것이 말년에는 3년마다 이사해야 하는 이유이다. 거처를 비우는 것은 곧 쓸데없는 것을 가려내고, 버리고, 치우는 일과 같다. 한 세 번쯤 그리하면 늙은이의 어떤 준비가 되었을 것 같다.

102 조원 2

안으로는 가구 공사가, 밖으로는 조원이 마무리되어야 집이 끝난다. 조그마한 마당에 우물을 중심으로 장소 하나를 만드는 것이 그 일이다.

배송하여 온 재목이 너무 빈약해서 실망했지만, 여하튼 박용대 사장의 도움으로 공간을 만들었다. 언뜻 유기遺棄된 나무를 위무하거나 주변 언덕의 나무들과 함께 다시 살게 하는 일과 같다.

조원造苑을 마무리하기 위해 광목이 필요하다. 흰 천을 큰 붕대처럼 만들어 피지를 둘둘 감아 묶을 것이다. 낱낱이 선 목판의 허술함을 엮어 구속체拘束體를 만들면 태풍에도 견딜 것이다. 또한 천은 그늘을 드리워 이 공간을 쉘터처럼 만든다. 광목천을 구해야 하는데 어디에서 살 수 있는지 잘 모르겠다. 이천 시장에는 없는 것 같고, 동대문 시장에 포목점이 많던 것이 생각난다.

동대문 종합시장은 4개의 큰 빌딩이 묶여 있다. 옛날 정계천 변에 있던 4층짜리 연쇄점 스케일은 잊어야 한다. 그러지 않아도 동대문 주변은 패션 산업으로 카오스를 이룬다. 혼돈을 뚫고 시장에 들어갔지만, 내부는 또 다른 카오스이다. 사통팔달 통로는 격자화되어 있으나 상품과 간판이 공간을 압도하니 자주 길을 잃는다.

조경의 박용대 사장과 함께 우물가 조원을 시작했다. 생각하던 것보다 배송된 목재가 가날파서 묵직한 공간감이 생기지 않았지만, 다른 방법으로 보충할 것이다.

원단을 파는 가게는 엄청 많다. 이 상가에서 전국의 옷 공장에 원단을 공급하는 모양이다. 처음에 광목이라고 단순하게 생각했지만, 천 조직의 수(30, 20, 14, 10 등)[21], 실의 성질(캔버스, 옥스퍼드 등) 그리고 염색의 여부로 선택이 복잡하다. 나는 10수를 샀는데 값이 너무 싸서 놀랐다. 1마에 1,500원이다. 50마를 샀는데 천이라 우습게 안 무게가 들고 오기에 버겁다.

천의 폭 1.2미터를 반 갈라 60센티미터 폭의 붕대를 만들어 피지에 둘둘 감을 것이다. 제재소에서 온 나무의 상처를 치유한다는 수사는 아니지만, 나무가 바람에 흔들릴 때 서로 부둥켜안는 속주束柱를 만드는 것이다.

오브제를 만들어 놓고 나서 제목이 생각났다. '아픈 나무'. 제재소에서 본 목재의 아픈 기억을 치유한다지만, 붕대를 감는 일이 전부이다. 그러나 아무리 수사를 덧붙여 보아도, 이 오브제는 아무래도 실패 같다. 오래 기회를 노리다가 만든 오브제이지만, 만들어 놓고 보니 염려하던 과잉 디자인이 바로 이것이다. 노망老妄에는 평이한 것을 참지 못하는 '망妄'이 섞여 있다. 뭔가 특별한 것이 곧 특이한 것이 되고, 급기야 괴이한 것이 된다.

---

21 면 20수는 1그램의 면으로 34미터의 실을 뽑아 만든 원단, 40수는 68미터의 실을 뽑아 만든 원단, 60수는 102미터의 실을 뽑아 만든 것이다. 그러니까 수가 많을수록 얇고 부드럽고 통기성이 좋다. 빳빳한 맛이 없고 약하다.

103 대문

2021년 1월 25일, 드디어(오래 기다리다 보니) 대문을 완성하였다. 현장에는 <에이스금속(건설금속)>의 박응용 부장이 왔는데, 며칠 전 문짝을 차에서 떨어트려 깨트리는 바람에 다시 해 오느라고 늦었단다. 샛문과 대문을 설치하는 데 보조원 3명과 함께 (비가 와서 하루 공치고) 사흘이 걸렸다. 모터와 기어는 국제 기업인 <나이스 로버스Nice Robus>가 왔는데 육중한 문짝이 유연하게 미끄러지는 것이 대단한 기술로 보인다.

설치하고 보니 대문의 주철 패턴이 너무 그림 같다. 처음 보여 준 이미지는 나뭇가지가 수직적 패턴을 만드는 것이었는데, 중간에 다시 검토할 기회가 없었으니 할 수 없다.

아무래도 너무 대문에 집착한 것 같다. 비용도 많이 들었다. 당초 한 짝으로 계획했다면 비용의 1/3은 줄였을 것이지만, 3미터씩 두 짝 문에 모터가 두 개 달렸다. 이 집이 대문에 집착하는 이유는 대지의 테두리를 마무리하는 일이기 때문이다. 도형적으로 보면 여呂 자에 사각 테두리를 치는 일이다. 여呂는 복합적안 뜻이 있다. 그 대칭적인 문자 모양대로 음-양인데, 율律의 양기와 여呂의 음기를 율여조양律呂調陽한다고 본다. 양과 음을 테두리에 가두는 일이니 대단한 것 같지만, 생각의 유희일 뿐이다.

사실 대문은 틈이 너무 커서 방어의 기능을 기대하지는 않는다. 다만 사각형 대지의 한 변을 확실히 직선으로 긋는 일이다. 대문과 함께 <국제유리·금속>이 만들어 준 우편함 상자가 달렸다. 외등, 우편함, 비디오 폰, 문패, 계량기 등이 종합적으로 설치된다.

사람이 살만큼 되었다고 주택이 완성되는 것은 아니다. 마구간에 지붕을 얹어 주는 일, 보일러가 춥지 않게 쉘터를 만들어 주는 일 등이 남았다.

대지의 남동쪽 한 변이 마저 그어졌다. 대문 – 주차장 – 포치 – 마당 경계 등이 레이어를 만든다.

104 이사移徙, 잡동사니

이사를 하는 날에야 내가 그동안 얼마나 쓸데없는 것들을 껴안고 살았는지 안다. 그러나 때는 이미 늦었다. 구석구석에서 스멀스멀 기어 나오는 잡동사니, 미안하다.

이사를 준비하면서 책 정리가 큰일인데, 놀란 것이 몇 가지 있다.

하나는 엄청난 먼지의 공습을 그대로 뒤집어쓰고 있던 책이다. 먼지는 공공의 적이기도 하지만, 다시 말하건대 그것은 내가 만든 것이다.

둘째는 옛날에 나도 소설과 시를 읽었다는 사실이다.

셋째는 요즈음 집필하는 저술에도 끌어다 쓸 유익한 자료가 꽤 있는데 그동안 있는지도 모르고 묻혀 있었다는 것이다. 그런데 다시 캐어 쓰기에는 이미 나이가 멀어졌다.

어느 정도 예상은 하고 있었지만 이럴 줄은 몰랐다. 몇 년 몇십 년을 그 구석에 서 있는지도 모른 채 숨죽이고 있다가 쓰레기더미로 휩쓸리는 물건들에 미안하다. 어떤 것은 언제 왔는지, 왜 있는지 모르겠다. 아직 쓸 만한 것도 있고, 재활용도 가능하다. 그러나 가릴 여유가 없다.

그것이 한때는 욕망의 재灰였거나, 내 작업의 기능을 돕는 도구였겠지만, 모두 잿더미로 들어간다.

'최신 자본론'이 알아야 할 것은 물건을 사는 것은 너무 쉽고 버리는 것은 너무 어렵다는 것이다. 이사를 준비하면서 통렬히 깨달은 것이 있다. 버려야 할지 말지 망설이고, 포기했다가 거두어들이기를 거듭하다가, 버린다고 하더라도 분리배출 해야 하므로 다시 저장했다가 요일에 맞추어 버리러 간다. 언제인가 나의 지식으로 환원할 것이라는 믿음으로 스크랩해 둔 문건들, 조금 날씬해지면 입을 거라고 두었던 옷, 심지어 나중에 먹겠다고 챙겨둔 꿀.

판단이 오락가락하며 극단적으로는 질이나 내용보다 물건의 볼륨으로 버릴 것을 결정한다. 그러니까 물건을 살 때 큰 것은 조심하라.

105 마지막에서 세 번째 **이사**

자디잔 일들이 치우다 만 쓰레기처럼 남아 있고, 왜 그랬는지 스스로도 이해가 안 되는 일이 찌꺼기처럼 남아 있다. 좀 더 면밀을 기하지 못한 후회를 접어놓고 이사를 했다. 자기 집 짓기라는 것이 얼마나 삶의 모습과 닮았는지 소스라치게 깨달았다. 우물쭈물하다 놓친 기회, 의사 결정의 우유부단함, 무식함과 데이터 부족, 면밀을 기하지 못한 과정, 마무리에서의 체념 등이 그러하다.

이미 삶은 처음의 구상보다는 꽤 빗나갔고, 체념할 일과 초월할 것을 뒤섞는다. 체념諦念은 (단념斷念과 달리) 생각念을 살펴서 잘 안다諦는 뜻이 새삼스럽다. 초월도 (영웅적일 것도 없이) 알아차린 능력의 임계를 넘어超 그 밖으로 벗어나려는越 의식이다. 실존적으로는 자각할 것도 없이 그냥 있는 일상성에서 철학적 자각의 입장으로 넘어가는 일이다.

그래서 이사는 그냥 생각 없이 살던 생존의 방식에서 휴지休止를 만드는, 되돌아볼 사유의 기회일 것이다. 그야말로 상황을 알고 난 말년에 이르러 찌꺼기들을 털어 버리려는 것이 새집 짓기이다. 그런데 우리 사회는 그렇게 단순하지 않고, 체념과 초월을 뒤섞고, 뒤숭숭한 마음으로 이사를 한다.

이사는 이천 업체인 <탑 익스프레스>가 했다. 큰 회사는 아니지만 지방 업체도 괜찮다.

106 새 주소

이사를 하면 백사면사무소에 가서 주민등록을 이전한다. 새 주소를 받아 문패를 건다. 그동안 문서나 소식을 우편으로 받던 곳에 주소 이전을 알려야 할 것이다. 여기까지는 쉽다.

　문제는 그동안 제사와 차례 때마다 오시던 부모님과 장인어른, 장모님께서 새 집을 찾아오시는 게 어렵다는 것이다. 지난 제사 때도 이사할 일을 미리 알려드리지 못했다.

2021년 봄, 새집을 짓고 쑥을 태우다.

집 짓기 에세이
쑥을 태우는 집

발행일 2021년 08월 31일 초판 1쇄
지은이 박길룡
발행인 이재성
발행처 도서출판 디

등 록 2011년 11월 14일 (제387-2011-000062호)
주 소 경기도 부천시 원미구 중동로 327, 232-1401
전 화 032-216-7145
팩 스 0505-115-7145
이메일 plus33@empas.com

ISBN 979-11-950529-9-8 03600

이 책의 본문은 〈국립박물관문화재단 클래식〉〈을유1945〉서체를 사용했습니다.
본 도서는 저작권의 보호를 받는 저작물로 무단 전재나 복사, 복제를 금합니다.